图解

电冰箱
维修一本通

张新德 等 编著

U0228866

化学工业出版社

·北京·

内容简介

本书采用彩色图解的方式，全面系统地介绍了电冰箱的维修技能及案例，主要内容包括电冰箱的结构原理、电冰箱元器件与拆机、电冰箱维修工具使用、电冰箱维修方法与技能、电冰箱的故障维修案例及维护保养等内容，最后给出电冰箱的维修技术资料，供读者参考。

本书内容遵循从零基础到技能提高的梯级学习模式，注重维修知识与实践相结合，彩色图解重点突出，并对重要的知识和技能附视频讲解，以提高学习效率，达到学以致用、举一反三的目的。

本书适用于电冰箱维修人员及职业院校、培训学校师生学习参考。

图书在版编目（CIP）数据

图解电冰箱维修一本通 / 张新德等编著. —北京：化学工业出版社，2022.6（2025.1重印）
　ISBN 978-7-122-41091-7

　Ⅰ.①图… Ⅱ.①张… Ⅲ.①冰箱-维修-图解
Ⅳ.① TM925.210.7-64

中国版本图书馆 CIP 数据核字（2022）第 052145 号

责任编辑：徐卿华　李军亮　　　　　　　　文字编辑：师明远
责任校对：边　涛　　　　　　　　　　　　装帧设计：李子姮

出版发行：化学工业出版社（北京市东城区青年湖南街13号　邮政编码100011）
印　　刷：北京云浩印刷有限责任公司
装　　订：三河市振勇印装有限公司
710mm×1000mm　1/16　印张14　字数267千字　2025年1月北京第1版第4次印刷

购书咨询：010-64518888　　　　　　　　售后服务：010-64518899
网　　址：http://www.cip.com.cn
凡购买本书，如有缺损质量问题，本社销售中心负责调换。

定　价：68.00元　　　　　　　　　　　　　　版权所有　违者必究

近年来，家用电冰箱的普及率不断提高，商用电冰箱也已遍及餐饮服务行业，其维修、保养的工作量非常大，同时，电冰箱智能化的发展，也对维修人员的维修保养技术提出了更高的要求，因此需要大量的维修和保养人员掌握熟练的维修保养技术。为此，我们组织编写了本书，以满足广大电冰箱维保人员的需要。希望本书能够为电冰箱维修保养技术人员及电冰箱企业的售后和维保人员提供帮助。

全书采用彩色图解和实物操作演练视频的形式（书中插入了关键维修操作的小视频，扫描书中二维码即可在手机上观看），给读者提供一种便捷的学习方式，使读者通过学习本书能快速掌握电冰箱的维修保养知识和技能。

在内容的安排上，本书从电冰箱的结构组成和工作原理入手，重点介绍电冰箱的维修技能，内容全面系统，注重维修演练，重点突出，形式新颖，图文并茂，配合视频讲解，使读者的学习体验更好，方便学后进行实修和保养操作。

本书所测数据，如未作特殊说明，均为采用 MF47 型指针式万用表和 DT9205A 型数字万用表测得。为方便读者查询对照，本书所用符号及部件名称遵循厂家实物标注（各厂家标注不完全一样），不作国标统一。

本书由张新德等编著，刘淑华参加了部分内容的编写和文字录入工作，同时张利平、张云坤、张泽宁等在资料收集、实物拍摄、图片处理上提供了支持。

由于水平有限，书中疏漏之处在所难免，恳请广大读者批评指正。

编著者

目录 ▶▶▶   ▶▶▶

第一章
电冰箱的结构原理 ▶▶▶ ·· 1

第一节　电冰箱的功能与参数 ·· 2
一、电冰箱的功能 ··· 2
二、电冰箱的电气参数 ··· 3
第二节　电冰箱的结构组成 ·· 8
一、电冰箱的实物组成 ··· 8
二、电冰箱的电气组成 ··· 9
三、电冰箱的制冷系统组成 ··· 12
第三节　电冰箱的工作原理 ··· 16
一、定频电冰箱的工作原理 ··· 18
二、变频电冰箱的工作原理 ··· 18
三、智能电冰箱的工作原理 ··· 19
四、单元电路的工作原理 ··· 23

第二章
电冰箱元器件与拆机 ▶▶▶ ·· 35

第一节　专用元器件识别与检测 ·· 36
一、温度传感器 ··· 36
二、温湿度传感器 ··· 38
三、门控开关 ··· 39
四、电冰箱电脑板 ··· 41
五、电冰箱显示板 ··· 44

六、电冰箱变频板 ·· 45

七、过载保护器 ·· 46

八、定频压缩机 ·· 48

九、变频压缩机 ·· 49

十、电子膨胀阀 ·· 52

十一、电磁阀 ·· 54

第二节　电冰箱拆机 ·· 55

一、电冰箱顶盖的拆卸方法 ·· 55

二、电冰箱压缩机舱的拆卸方法 ···································· 56

三、WIFI 模块的拆卸方法 ··· 56

四、面板的拆卸方法 ·· 56

五、环温 / 湿度传感器的拆卸方法 ·································· 56

六、启动器 / 过载保护器的拆装方法 ································ 56

七、灯和温控器的拆装方法 ·· 57

第三章

电冰箱维修工具使用 ▶▶▶ ------------------------------------ 58

第一节　通用工具使用 ·· 59

一、改锥（旋具） ·· 59

二、内六角扳手 ·· 60

三、钳子与扳手 ·· 60

四、镊子与刀片 ·· 61

第二节　专用工具使用 ·· 62

一、万用表 ·· 62

二、电烙铁 ·· 65

三、真空泵 ·· 66

四、制冷系统维修连接件 ·· 67

五、压力表 ··· 69

六、排空钳 ··· 70

七、封口钳 ··· 71

八、毛细管剪钳 ·· 71

九、切管钳 ··· 72

十、便携式小型焊炬 ·· 73

第四章

电冰箱维修方法与技能 ▶▶▶

76

第一节　维修方法 ·· 77

一、电冰箱工作不正常通用维修方法 ·· 77

二、电冰箱冷藏室工作不正常通用维修方法 ·· 77

三、电冰箱冷冻室工作不正常通用维修方法 ·· 78

四、电冰箱变漏空工作不正常通用维修方法 ·· 78

五、电冰箱制冷不良通用维修方法 ·· 79

六、制冷深度不够维修方法 ··· 79

七、电冰箱门体不正维修方法 ·· 80

八、照明灯不亮维修方法 ·· 80

九、制冷剂泄漏维修方法 ·· 81

十、电冰箱异响维修方法 ·· 82

十一、电冰箱漏电维修方法 ··· 87

第二节　维修技能 ·· 88

一、判别压缩机启动绕组与运行绕组的技巧 ·· 88

二、更换电冰箱压缩机技巧 ··· 88

三、判断电冰箱噪声故障实用技巧 ·· 89

四、检测电冰箱漏电故障实用技巧 ··· 90

五、检测电冰箱不启动故障技巧 ··· 92

六、检测电冰箱制冷效果不佳故障的技巧 ······································ 92

七、电冰箱冰堵故障排除技巧 ··· 93

八、电冰箱油堵故障排除技巧 ··· 95

九、电冰箱脏堵故障排除技巧 ··· 96

第五章
电冰箱的故障维修案例 ▶▶▶ ·· 99

第一节　LG 电冰箱的故障维修 ··· 100

一、LG BCD236NDQ 三门变频电冰箱，不制冷 ·································100

二、LG GR-S24NCKE 型三门电冰箱压缩机不转，但面板显示屏亮 ········· 101

三、LG GR-S24NCKE 型三门电冰箱冷冻室已达到设定的温度，但压缩机仍转动
　　不停 ··103

四、LG GR-S24NCKE 型三门电冰箱，整机不工作 ····························104

第二节　TCL 电冰箱的故障维修 ·· 105

一、TCL BCD-490WBEPF2 风冷十字对开门变频电冰箱，化霜异常 ··········· 105

二、TCL BCD-490WBEPFA1 风冷十字对开门变频电冰箱压缩机不工作 ·······106

三、TCL BCD-518WEPF1 风冷对开门电脑温控电冰箱，不化霜 ···············107

四、TCL BCD-518WEPF1 风冷对开门电脑温控电冰箱，风机异常 ·············108

五、TCL BCD-518WEPF1 风冷对开门电脑温控电冰箱，冷藏室结冰 ··········· 110

六、TCL BCD-518WEPF1 风冷对开门电脑温控电冰箱，门体高低不平 ········· 112

七、TCL BCD-518WEPF1 风冷对开门电脑温控电冰箱，压缩机不工作 ········· 113

八、TCL BCD-518WEPF1 风冷对开门电脑温控电冰箱，压缩机不停机 ········· 114

九、TCL BCD-518WEPF1 风冷对开门电脑温控电冰箱，制冷效果差 ··········· 115

第三节　帝度电冰箱的故障维修 ···116

一、帝度 BCD-292WTGB 型电冰箱显示故障代码 E6·····116

二、帝度 BCD-372WMGB 型电冰箱压缩机不启动·····117

三、帝度 BCD-372WMGB 型电冰箱显示故障代码 E1·····117

四、帝度 BCD-372WMGB 型电冰箱冷冻室、制冰室、变温室制冷正常，冷藏室不
　　制冷，冷藏出风口无风·····118

五、帝度 BCD-372WMGB 型电冰箱冷藏室风扇运转正常，但冷藏室不制冷·····119

六、帝度 BCD-372WMGB 型电冰箱制冰室不制冷，其余间室制冷正常，且显示屏
　　未提示制冰室门打开·····119

七、帝度 BCD-372WMGB 型电冰箱变温室不制冷，其余间室制冷正常，变温出风口
　　无冷风吹出·····119

八、帝度 BCD-372WMGB 型电冰箱冷冻风扇工作异常，各室均不制冷·····120

九、帝度 BCD-372WMGB 型电冰箱照明灯不亮，云保鲜模块保鲜效果差·····121

第四节　海尔电冰箱的故障维修·····121

一、海尔 BCD-248WBCS 型三门电冰箱，不制冷·····121

二、海尔 BCD-248WBCS 型三门电冰箱，能制冷，但显示代码 F1·····123

三、海尔 BCD-460WDGZ 风冷变频十字对开门电冰箱不启动·····124

四　海尔 BCD-536WBSS 多门电冰箱冷藏灯不亮·····125

五、海尔 BCD-536WBSS 多门电冰箱不能制冰·····126

六、海尔 BCD-539WD 对开门电冰箱不化霜·····127

七、海尔 BCD-539WSY 对开门电冰箱面板不亮，开门灯亮·····129

八、海尔 BCD-539WT 对开门电冰箱能正常工作，但不能除霜·····129

九、海尔 BCD-550WA 双门电冰箱，通电后电冰箱内蜂鸣器有声音发出，但压缩机
　　不能启动，且显示屏也不亮·····131

十、海尔 BCD-550WB 对开门电冰箱通电后能启动，但蜂鸣器响不停·····132

十一、海尔 BCD-550WB 对开门电冰箱整机不工作·····133

十二、海尔 BCD-550WYJ 对开门电冰箱冷藏室温度异常，并显示代码 F1·····133

十三、海尔 BCD-551WB 双门电冰箱，通电后显示板无显示·····134

十四、海尔 BCD-551WE 对开门电冰箱按键操作无反应，通信故障·····137

十五、海尔 BCD-586WL 多开门电冰箱冷冻室不制冷，并显示代码 E1 ············· 138

十六、海尔 BCD-586WL 多开门电冰箱制冷效果差 ···································· 138

十七、海尔 BCD-588WBGF 对开门电冰箱显示代码 Ed ······························ 139

十八、海尔 BCD-588WBGF 对开门电冰箱显示屏显示代码 E0 ····················· 140

十九、海尔 BCD-602WBGM 对开门电冰箱冷藏室的食品结冻 ···················· 141

二十、海尔 BCD-602WBGM 对开门电冰箱有时显示故障代码 F4，有时温度显示
　　　异常 ·· 142

二十一、海尔 BCD-649WACZ 对开门电冰箱显示故障代码 F3 ·················· 144

二十二、海尔 BCD-649WADV 对开门变频电冰箱显示代码 F3 ················· 145

第五节　海信电冰箱的故障维修 ·· **146**

一、　海信 BCD-620WTGVBP 多门电冰箱显示异常 ································· 146

二、海信 BCD-318WBP 多门电冰箱变温室达不到设定温度，并显示代码 F2 ·······147

三、海信 BCD-318WBP 多门电冰箱冷藏室蔬菜结冰 ································· 148

四、海信 BCD-318WBP 多门电冰箱显示代码 F3 ······································ 149

五、海信 BCD-350WBP 多门电冰箱不给水，水进不到制冰盘中 ·············· 150

六、海信 BCD-375WTD 多门电冰箱不停机 ··· 151

七、海信 BCD-375WTD 多门电冰箱不显示 ··· 152

八、海信 BCD-375WTD 多门电冰箱压缩机工作，但制冷效果差 ·············· 153

九、海信 BCD-405WBP 多门电冰箱屏上显示故障代码 H71 ···················· 154

十、海信 BCD-405WBP 多门电冰箱显示代码 H3C ·································· 155

十一、海信 BCD-475T/Q 十字对开门电冰箱插上电源后，蜂鸣器不响，面板指示灯
　　　不亮 ·· 156

十二、海信 BCD-620WTGVBP 十字对开门电冰箱不制冷 ······················· 157

十三、海信 BCD-620WTGVBP 多门电冰箱冷冻室不制冷，显示代码 F1 ······158

第六节　美的电冰箱的故障维修 ·· **159**

一、美的 BCD-330WTV 多开门电冰箱冷藏室结冰 ·································· 159

二、美的 BCD-570WFPM 多开门电冰箱冷藏室两侧灯不亮，但制冷正常 ··········160

三、美的 BCD-570WFPM 多开门电冰箱压缩机不启动，但显示屏及灯亮 ·········162

第七节 美菱电冰箱的故障维修 ··· **163**

一、美菱 BCD-518HE9B 五门多温区无霜变频电冰箱冷冻室不制冷 ·············163

二、美菱 BCD-518HE9B 五门多温无霜变频电冰箱显示屏无显示，能制冷 ·······164

三、美菱 BCD-356WET 多门多温区无霜电冰箱能制冷，但显示屏显示代码 EC ········164

四、美菱 BCD-356WPT 多门多温区无霜变频电冰箱制冷效果差 ·················167

五、美菱 BCD-418WP9B 六门电冰箱风门打不开 ·····························167

六、美菱 BCD-446WUP9BJ 十字对开门电冰箱显示代码 EL ·················168

七、美菱 BCD-450ZE9 四开门电冰箱冷藏灯不亮 ·····························168

八、美菱 BCD-518HE9B 五门多温区无霜变频电冰箱变温室风门打不开，不制冷 ·······170

九、美菱 BCD-518HE9B 五门多温区无霜变频电冰箱噪声大 ···················171

十、美菱 BCD-518WE9B 五门多温区电冰箱冷藏室或冷冻室蒸发器结霜过厚 ·······172

十一、美菱 BCD-651WPB 对开门电冰箱不制冷 ·····························173

第八节 三星电冰箱的故障维修 ··· **174**

一、三星 BCD-252NJVR 型电冰箱风扇不转 ·································174

二、三星 BCD-265WMSSWW1 型电冰箱压缩机运转，但不能制冷 ···········175

三、三星 RS19NCMS 型电冰箱冷冻室风扇不运转 ···························176

第九节 松下电冰箱的故障维修 ··· **178**

一、松下 NR-C31WX3-Z 型电冰箱节能导航功能长期运行 ···················178

二、松下 NR-D513XC-S5 型电冰箱通电后不制冷 ·····························179

三、松下 NR-F520TX 型电冰箱自动制冰机不制冰 ···························180

第六章
电冰箱的维护保养 ▶▶▶ ··· 181

第一节 日常养护 ··· 182

第二节 专项保养 ··· 183

一、调整电冰箱门平齐的方法 ··· 183

二、电冰箱专项清理方法 ··· 183

附　录

▶▶▶ ··· 185

附录一　电冰箱电路图 ··· 186

一、LG BCD-272 系列（含 295 系列）变频电冰箱电路图 ··············· 186

二、LG BCD-378WCT 线性变频电冰箱接线图 ······························· 188

三、澳柯玛 BCD-367 电冰箱接线图 ··· 190

四、海尔 BCD-166/196T WL 电冰箱电路图 ································· 191

五、海尔 BCD-536WBSS 变频电冰箱接线图 ······························· 192

六、海信 BCD-618 系列电冰箱接线图 ·· 193

七、惠而浦 BCD-401WMW 电冰箱接线图 ···································· 194

八、美的 BCD－216TEM 电冰箱电路图 ··· 195

九、美菱 BCD-356WPT/WPC 变频电冰箱电路图 ························· 195

十、三星 BCD-265 电冰箱接线图 ·· 196

十一、松下 NR-F610VT-N5 电冰箱接线图 ··································· 197

十二、新飞 BCD-261WGS 电冰箱电路图 ····································· 198

十三、伊莱克斯 BCD-220W（BCD-251W）电冰箱电路图 ··········· 199

附录二　电冰箱故障代码 ·· 199

一、LG BCD-272WBNE（GR-D27NGEB）、BCD-272WBNZ（GR-D27NGZB）、BCD-
272WBAB（GR-D27AGTB）、BCD-295WBNE（GR-D29NGEB）、BCD-295WBNZ
（GR-D29NGZB）、BCD-295WBAB（GR-D29AGTB）三门电冰箱故障代码 ········· 199

二、LG GR-D30PJR 三门电冰箱故障代码 ······································ 200

三、LG GR-S24NCKE 三门直冷式电冰箱故障代码 ·························· 201

四、TCL BCD-490WBEPF2 十字对开门变频电冰箱故障代码 ············ 201

五、TCL BCD-515WEF1、BCD-518WEPF1 风冷对开门电脑温控电冰箱故障代码 ······ 202

六、海尔 BCD-460WDBE 十字对开门电冰箱故障代码 ················· 203

七、海信 BCD-568WYME、567WYM、568W、568WYMD、568GW、568GWA、
BCD-550WTD、BCD-568WB 对开门电冰箱故障代码 ··········· 203

八、海信 BCD-262VBP/AX1 直冷三开门电冰箱故障代码 ············· 204

九、海信 BCD-440WDGVBP 对开门电冰箱故障代码 ················· 204

十、海信多门电冰箱故障代码 ··························· 205

十一、海信容声 BCD-310WBP、315WBP、350WBP、355WBP、405WBP 多门电冰箱
故障代码 ····································· 206

十二、康佳 BCD-390EMP 多开门电冰箱故障代码 ················· 208

十三、康佳 BCD-558WD5EGY 对开门电冰箱故障代码 ·············· 208

十四、美的 BCD-620WKGDZV、BCD-370WTPVA、BCD-642WKDV、BCD-620WKGDV
变频电冰箱故障代码 ······························ 209

十五、美菱 BCD-416WPCK 多门、BCD-248WIP3BK、278WIP3BK、301WIPB 变频
电冰箱故障代码 ································· 209

十六、美菱 BCD-450ZE9 十字对开门电冰箱故障代码 ·············· 209

十七、美菱 BCD-518HE9B 五门电冰箱故障代码 ················· 210

十八、容声 BCD-369WD11MY 多门（五门）电冰箱故障代码 ·········· 210

十九、三星 BCD-265WMRISS1、BCD-265WMRIWZ1、二门变频电冰箱故障代码 ····· 211

二十、三星 BCD-402DRISL1、BCD-402DRIWZ1、BCD-402DRI7W1、BCD-402DRI7H1
五门电冰箱故障代码 ····························· 212

第一章

电冰箱的结构原理

第一节　电冰箱的功能与参数

一、电冰箱的功能

电冰箱的基本功能就是冷藏、冷冻或保鲜食品、药品等需要低温保存的物品，还具有冰冻饮料、制作冰激凌等功能，有些新型电冰箱，内部还单独配备制冰机，如图1-1所示。随着技术的发展，新型电冰箱具有更多的新设计和新功能。

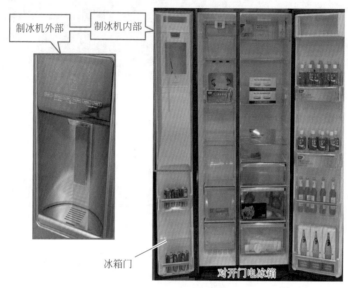

制冰机外部　　制冰机内部

冰箱门

对开门电冰箱

图1-1　电冰箱自带制冰机

① 同一个电冰箱采用多温区设计：可以同时具有冷藏、冷冻、制冰、速冻、保鲜等功能，可以根据不同食物的种类和保鲜温度要求随意选择存储区间，最大限度地保持不同食物的营养、新鲜和口感。

② 无氟制冷：新型电冰箱使用了不含氟利昂的制冷剂，不会破坏臭氧层，更注重生态环保。

③ 自动除菌：在电冰箱内部增设了除菌过滤器或负离子杀菌，能够吸附和分解电冰箱内的气味，同时也能有效防止电冰箱内部有害细菌的繁殖或杀灭病菌。

④ 维生素保鲜：增设维生素C新鲜果蔬抽屉，该抽屉的维生素C能够吸附并分解导致蔬菜不新鲜的乙烯气体，达到长久保持蔬菜新鲜度的目的。

⑤ 变频系统：新型环保电冰箱大多采用变频压缩机和变频风机系统，具有节能省电、变频降温和精准控温的功能。

⑥ 直观液晶：采用液晶屏显示电冰箱的工作状态，可以精准显示电冰箱内各存

储区的温度和工作状态，也能显示电冰箱的故障代码（如图 1-2 所示），便于维修。有的电冰箱还增设了厨房计时器功能，方便厨房电器的计时操作和提醒。

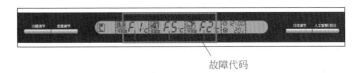

故障代码

图 1-2　显示电冰箱的故障代码

⑦ 自动制冰：新型电冰箱自带了自动制冰机或制冰盒，自动制冰机与箱门融为一体，不用打开电冰箱即可自动制冰。

电冰箱
开门报警

⑧ 开门报警：由于新型电冰箱增加了专门的控制主板，当冷藏室、冷冻室和制冰室长时间打开时则会自动监测报警，并发出声音提示，更具人性化。

⑨ 抽屉式设计：新型电冰箱的制冰室、冷冻室、果蔬室大多采用抽屉式设计，方便存放和拿取食品。

⑩ 智能功能：新型高档电冰箱配置了 WIFI 模块（如图 1-3 所示），能够与家里的网络互联，并能通过手机上的专用 APP 远程控制电冰箱的温度、湿度、食品储存量，通过手机 APP 或智能机器人能够掌握和控制电冰箱的工作状态，实现万物互联。有的高档电冰箱还具有 AI 语音控制功能，甚至成为智能家居控制中心。

WIFI功能

图 1-3　配置了 WIFI 模块的电冰箱

二、电冰箱的电气参数

电冰箱的电气参数主要是指电冰箱铭牌上的标识内容，普通电冰箱通常有产品型号、星级标志、气候类型、防触电保护类别、总有效容积、冷藏 / 冷冻 / 果蔬 / 变温箱有效容积、发泡剂类别、电冰箱重量、额定电压 / 频率、化霜功率、输入总功率、额定耗电量、噪声大小、冷冻能力、额定输入电流、制冷剂类别、照明灯功率等，如图 1-4 所示。除铭牌之外还有能效等级标识贴、产品使用二维码和综合耗电量标识贴（如图 1-5 所示）。智能电冰箱还包括全球统一标识体系二维码（如图 1-6 所示），方便电冰箱接入全球网络，实现万物互联。

型号	BCD-401W	额定电压/频率	220V/50Hz
星级标志	❄ ✱✱✱	化霜功率	170W
气候类型	SN.N.ST	输入总功率	150W
防触电保护类别	Ⅰ类	额定耗电量	1.08kW·h/24h
总有效容积	401L	噪声(声功率等级)	41dB(A)
冷藏/冷冻有效容积	243L/90L	冷冻能力	8kg/24h
果菜有效容积	68L	额定输入电流	1.5A
发泡剂	环戊烷	制冷剂	R600a 67g
重量	104kg	灯的最大额定输入功率	2W

图 1-4　电冰箱铭牌

图 1-5　能效标识贴、产品使用二维码和综合耗电量标识贴

图1-6 全球统一标识体系二维码

1. 型号

不同厂家的电冰箱，其型号中字母的含义不尽相同，以下介绍国产电冰箱型号中具有共性的电冰箱型号含义。BCD代表国产电冰箱（B）、冷藏（C）、冷冻（D），BCD后面的数字代表容积（单位为L），型号中的W一般代表该电冰箱为无霜电冰箱。其他字母所代表的含义，不同的厂家不尽相同，有的代表产品序号，有的代表为变频电冰箱，有的代表为电脑控制型电冰箱，还有的是代表外观特性或市场专供产品，如图1-7所示。

图1-7 电冰箱型号含义

国外电冰箱型号标注方法与国内则完全不同，而且不同国家也不尽相同。例如日本电冰箱的型号含义一般包括制造厂商、生产年度、有效容积、结构特点以及外壳颜色等内容。型号前两个或一个英文字母表示产品的制造厂商（MR表示三菱、NR表示松下、GR表示东芝、R表示日立、SJ表示夏普、ER表示富士通等），型号后边的数字表示电冰箱的有效容积和生产年度，有效容积有的用升数直接表示，或用规定的容积系列来表示，而生产年度用公元年份的最后一位数表示。不过目前很多国外的电冰箱品牌在国内销售时，其型号标注方法也采用了我国电冰箱型号的标注方法，即采用BCD开头+电冰箱容积的方式进行标注。例如在我国销售的东芝电冰箱，其型号标注就采用了我国的标注方法，如图1-8所示。

东芝冰箱型号	BCD-601WGJT
面板类型	钢化玻璃
制冷方式	风冷
颜色分类	兰芷棕兰芷墨
箱门结构	多门式
冰箱冷柜机型	冷藏冷冻冰箱
制冷控制系统	电脑温控
能效等级	一级
智能类型	不支持智能
上市时间	2018-03

图1-8 电冰箱型号标注方法

2. 星级标志

电冰箱上的星级标志是表示该电冰箱冷冻储藏温度的级别，它是根据国际标准统一制定的电冰箱冷冻室室内温度等级的一种标识。每一个星表示电冰箱冷冻室内储藏温度应达到 -6℃以下，冷冻食物的储藏时间为 1 周。星级越高，其制冷性能就越强，相同重量的食品在冷冻室中有效保存的时间就越长久。

3. 气候类型

电冰箱的气候类型是衡量电冰箱适应季节变化和地区气候差异能力的关键指标。目前电冰箱的气候类型分为亚温带型（SN，适应的环境温度在 10 ～ 32℃之间）、温带型（N，适应的环境温度在 16 ～ 32℃之间）、亚热带型（ST，适应的环境温度在 18 ～ 38℃之间）、宽气候类型（N、SN、ST 或标为 SN-ST，适应的环境温度在 10 ～ 38℃之间）。目前市面上销售的电冰箱大多以宽气候类型为主。

> 💡 提示
>
> 根据 GB/T 8059 的要求，电冰箱气候类型为 SN.N.ST 时，电冰箱使用环境温度为 10 ～ 38℃，气候类型为 SN.N.ST.T 时，电冰箱的使用环境温度为 10 ～ 43℃。

4. 防触电保护类别

防触电保护类别分为四类，即 0 类电器（CLASS 0）、Ⅰ 类电器（CLASS1）、Ⅱ类电器（CLASS2）、Ⅲ类电器（CLASS3），等级越高越安全。

0 类电器是指靠基本绝缘作为触电防护的设备，这类设备要用在"绝缘良好"的环境中。

Ⅰ 类电器是指该类电器的防触电保护不仅有基本绝缘防护，还有一个附加预防措施，即带有保护接地。我国的电冰箱大多为 Ⅰ 类电器。

Ⅱ类电器是指该类电器的防触电保护不仅依靠基本绝缘防护，还有附加的安全预防措施（漏电保护），但没有保护接地或依靠安装条件的防护措施。电热毯多为Ⅱ类电器。

Ⅲ类电器是指该类电器的防触电保护只有基本的绝缘防护，可以不接地，也没有漏电保护，该类电器使用的是 36V 以下的安全电压。

5. 总有效容积

总有效容积是指电冰箱的型号中标注的电冰箱总容积。

6. 冷藏 / 冷冻 / 果蔬 / 变温箱有效容积

冷藏 / 冷冻 / 果蔬 / 变温箱有效容积是指冷藏室有效容积、冷冻室有效容积、果蔬室有效容积和变温箱的有效容积。

7. 发泡剂类别

发泡剂类别是指电冰箱保温层所使用的发泡剂的种类，电冰箱通常采用聚氨酯或环戊烷作为发泡剂。发泡剂又称发泡胶、PU 填缝剂，它是气雾技术和聚氨酯泡沫技术交叉结合的产物。早期的电冰箱大多采用聚氨酯（黑白料）发泡，新式电冰箱一般采用环戊烷发泡。

8. 电冰箱重量

电冰箱重量是指电冰箱及其附件的全部重量之和。

9. 额定电压 / 频率

电冰箱额定电压 / 频率是指电冰箱的工作电压和电源频率，我国家用电冰箱的工作电压为交流 220V，工作频率为 50Hz。

10. 化霜功率

化霜功率是指电冰箱在化霜时消耗的电功率，也就是电冰箱除霜时输入的额定功率。

11. 输入总功率

输入总功率是指电冰箱工作时输入的额定总功率，它是电冰箱的额定功率，单位为 W。一台家用电冰箱的输入总功率在几十到几百瓦之间。

12. 额定耗电量

额定耗电量是指电冰箱每天或每年的额定电能消耗，通常以 24h 消耗的电能为标准值，24h 消耗的电能又称综合耗电量，例如某电冰箱的综合耗电量为 0.88kW·h/24h，也就是说该电冰箱一天消耗电能 0.88 度。电冰箱每年消耗的总电能又称年耗电量，单位为 kW·h/a。

13. 噪声大小

噪声大小是反映电冰箱工作和除霜时的噪声大小（声功率级），当然是噪声越小越好。一般电冰箱的噪声在 30 ～ 50dB。国标规定：电冰箱容积小于 250L，噪声要低于 45dB，容积大于 250L，噪声要低于 48dB。

14. 冷冻能力

冷冻能力是反映电冰箱一天冷冻食品的重量。它是指在 24h 内，该电冰箱能将多少千克的食物从 25℃冷冻到 -18℃。它是电冰箱的一个重要参数，例如某电冰箱的冷冻能力为 10kg/24h，表示该电冰箱在 24h 内能将 10kg 的食物从 25℃冷冻到 -18℃。

15. 额定输入电流

额定输入电流是指电冰箱正常工作时稳定输入的电流大小，单位为 A。额定输入电流也叫标称输入电流，它是由厂家设计规定的电冰箱长久稳定运行的最大允许电流。电冰箱运行电流一般不能超过额定输入电流。

16. 制冷剂类别

早期的电冰箱大多采用氟利昂 R12 作为制冷剂，目前的电冰箱、电冰柜大多采用 R600A 作为制冷剂，它是目前最接近 R12 制冷性能的一款制冷剂，且使用量只有 R12 的 1/3。该参数除标注制冷剂的类别外，还要标注制冷剂的重量，方便电冰箱维修加氟时参考。

17. 照明灯功率

照明灯（内部灯）功率是指电冰箱内部照明灯消耗的功率大小，单位为 W，其标注方法通常采用标注单个照明灯的额定功率 × 照明灯的个数。有的电冰箱还会标注照明类的灯泡类别和光照颜色。

第二节　电冰箱的结构组成

一、电冰箱的实物组成

电冰箱主要由冷藏室、制冰室、软冷冻室、变温室、硬冷冻室和底座等组成，有些电冰箱的软冷冻室和硬冷冻室合二为一为冷冻室，有些电冰箱没有变温室和制冰室，如图 1-9 所示。

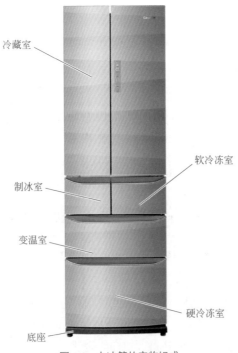

图 1-9　电冰箱的实物组成

电冰箱冷藏室内部还有很多细分组件，用来盛放不同的物品，如图 1-10 所示。

图 1-10 电冰箱冷藏室内部细分组件

二、电冰箱的电气组成

电冰箱主要由主板、按键显示板、变频板等组成，如图 1-11 所示（定频电冰箱电气接线图如图 1-12 所示），变频电冰箱实物电路板组成如图 1-13 所示，定频电冰箱实物电路板组成如图 1-14 所示，主板实物接线如图 1-15 所示（以海尔电冰箱主板实物接线为例）。有些低端的电冰箱没有电控板和显示板等。

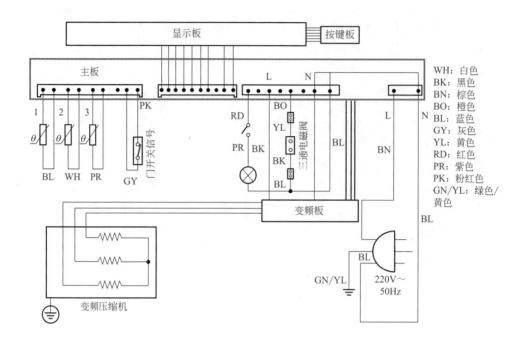

图 1-11   电冰箱的电气组成

1—冷冻室温度传感器；2—冷藏室温度传感器；3—冷藏室蒸发器传感器

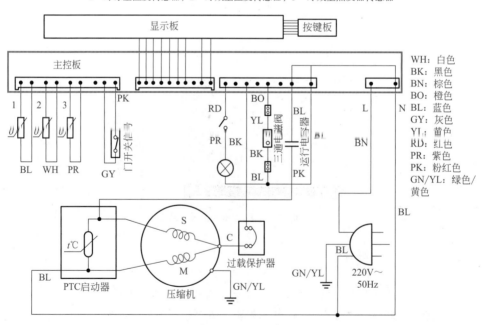

图 1-12   定频电冰箱的电气系统组成

1—冷冻室温度传感器；2—冷藏室温度传感器；3—冷藏室蒸发器传感器

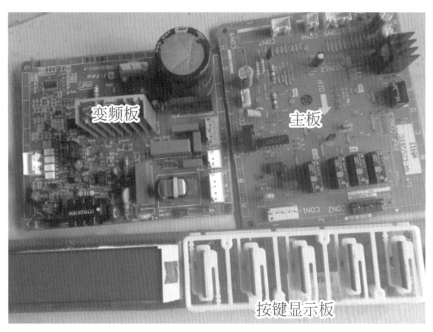

图 1-13 变频电冰箱的实物电路板组成

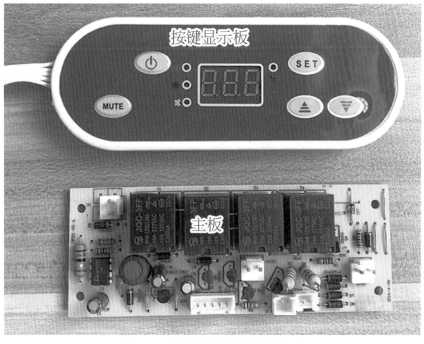

图 1-14 定频电冰箱的实物电路板组成

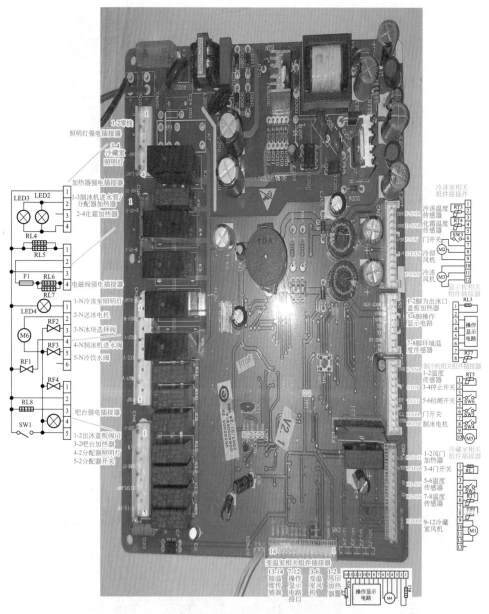

图 1-15　海尔电冰箱的主板实物接线

三、电冰箱的制冷系统组成

电冰箱的制冷系统主要由三大部件组成，即压缩机、冷凝器、蒸发器。具体由压缩机、除露管（又称防露管）、冷凝器、干燥过滤器、控制阀部分、毛细管、冷藏蒸发器、冷冻蒸发器等组成，如图 1-16 所示。图 1-17 所示为普通电冰箱的制冷系统立体组成，图 1-18 所示为多温区电冰箱的制冷系统立体组成。

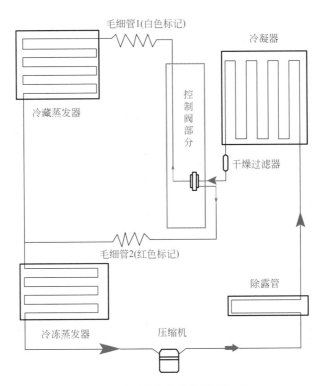

图 1-16 电冰箱的制冷系统等效组成

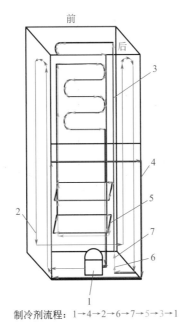

制冷剂流程：1→4→2→6→7→5→3→1

图 1-17 电冰箱的制冷系统立体组成

1—压缩机；2—冷凝器；3—冷藏蒸发器；4—除露管；5—冷冻蒸发器；6—干燥过滤器；7—毛细管

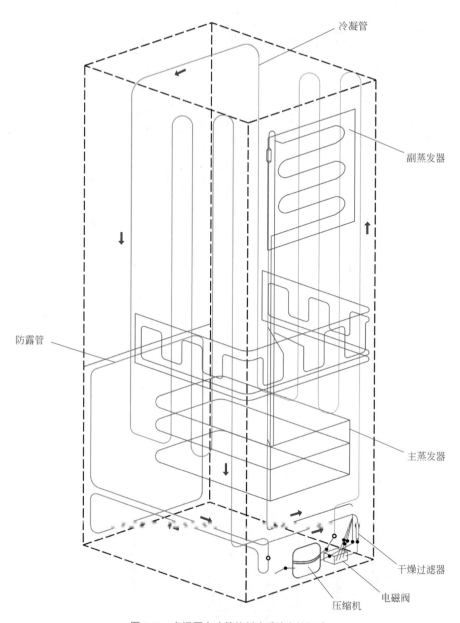

冷凝管

副蒸发器

防露管

主蒸发器

干燥过滤器

电磁阀

压缩机

图 1-18　多温区电冰箱的制冷系统立体组成

动画扫一扫

电冰箱制冷
系统的组成

　　普通电冰箱的制冷系统可视部分实物组成如图 1-19 所示，主要由压缩机、维修管、接水盒、高压管（细管）、低压管（粗管）、干燥过滤器、毛细管等组成。

接水盒　　　　　　　　　　毛细管

压缩机

干燥过滤器

维修管　　　　低压管　　　高压管

图 1-19　普通电冰箱的制冷系统可视部分实物组成

动画扫一扫

变频电冰箱
制冷系统
实物组成

　　智能变频电冰箱的制冷系统可视部分实物组成如图 1-20
所示，主要由压缩机、维修管、接水盒、高压管（细管）、低
压管（粗管）、干燥过滤器、毛细管等组成。

干燥过滤器　毛细管　维修管　　　　　高压管　化霜水出水管

接线盒(内
含变频板)

过滤器

低压管　　　变频压缩机　　　接水盘(高压管浸在接水盘
的水中，达到降温的目的)

图 1-20　智能变频电冰箱的制冷系统可视部分实物组成

第三节　电冰箱的工作原理

电冰箱的工作原理（见图1-21）：压缩机通过制冷管道将制冷剂吸入压缩机进行压缩，经过压缩之后的制冷剂温度和压力都发生了改变，变成了高温高压的制冷剂，高温高压的制冷剂通过管道输送到防露管（对电冰箱的门框进行加热，防止门框结露，如图1-22所示），再到冷凝器（将从电冰箱内部食物吸收来的热量扩散到箱体外）中，经过冷凝器的冷凝，高温的制冷剂就会开始放热，温度降低，变成高温中压的液体，制冷剂由气体变成了液体。液态制冷剂进入干燥过滤器过滤后进入到毛细管（毛细管细长，起节流作用）中进行节流减压，输送到蒸发器，制冷剂在进入蒸发器之后随着蒸发器管道变大，空间突然膨胀，液态制冷剂立即汽化，汽化时

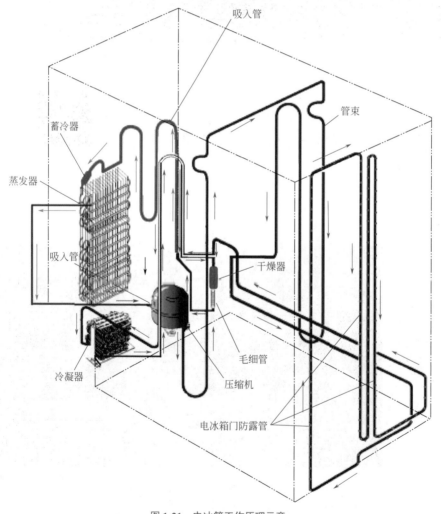

图 1-21　电冰箱工作原理示意

需要吸热（物态变化），因而能带走大量的热量，电冰箱内部的温度随之降低（达到制冷的目的），低温低压的气态制冷剂又被压缩机吸入，压缩成高温高压的气体进入到制冷循环中。随着压缩机的不断工作，制冷剂不断地发生物态变化，并循环反复地从电冰箱的内部吸收热量，从外部放出热量，从而达到将电冰箱内部食物制冷的目的。电冰箱制冷系统各管道之间的实物连接如图1-23所示。

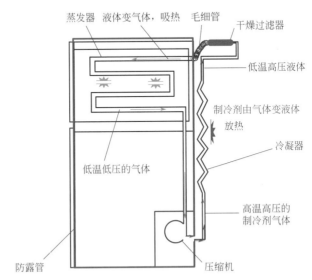

图 1-22 电冰箱的工作原理示意图

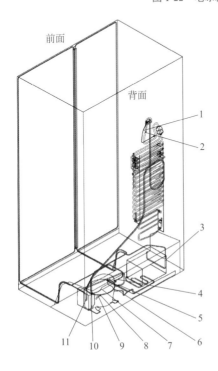

图 1-23 电冰箱制冷系统各管道之间的实物连接

1—毛细管与蒸发器连接（铜焊）；2—回气管与蒸发器连接（铜焊）；3—冷冻除露管与冷凝器连接（银焊）；4—冷藏除露管与干燥过滤器连接（银焊）；5—回气管连接管与压缩机连接（铜焊）；6—冷凝器连接管与压缩机连接（银焊）；7—干燥过滤器与毛细管连接（铜焊）；8—工艺管密封（高频焊）；9—工艺管与压缩机连接（铜焊）；10—回气管与回气管连接管连接（铜焊）；11—冷冻除露管与冷藏除露管连接（银焊）

一、定频电冰箱的工作原理

定频电冰箱是指电冰箱的工作频率保持不变的电冰箱，也就是说，电冰箱中没有压缩机变频模块，没有变频压缩机，而是采用定频压缩机。定频电冰箱的压缩机转速是固定不变的，一般压缩机的转速在 2950 ～ 3000r/min。当电冰箱工作温度到设定温度时，压缩机就停止运转；当电冰箱的温度上升到超过设定值时，压缩机即重新启动制冷。所以定频电冰箱是通过压缩机的停止或启动来控制冷藏室和冷冻室温度的，如图 1-24 所示。定频电冰箱的控温精度有一定的误差，精度没有变频电冰箱高。

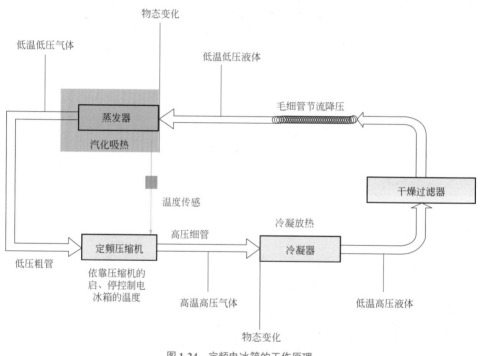

图 1-24　定频电冰箱的工作原理

二、变频电冰箱的工作原理

变频电冰箱就是压缩机的工作频率是变化的，通常变频压缩机是通过改变压缩机的工作频率来达到变频的目的，变频压缩机可以根据室内温度或环境自行调节，所以温度控制精准，而且省电效果非常好，噪声低。新型变频电冰箱为了更精准地控温，往往采用冷藏室、变温室、冷冻室多管路系统，如图 1-25 所示。每个室分别控温，采用同一个变频压缩机进行压缩制冷，这样控温更精细，食品保存效果更好。

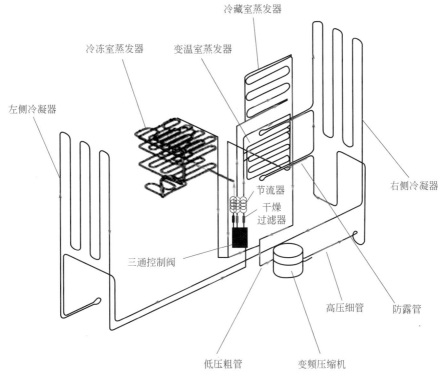

冷藏室蒸发器

冷冻室蒸发器　　变温室蒸发器

左侧冷凝器

右侧冷凝器

节流器

干燥
过滤器

三通控制阀

高压细管　　防露管

低压粗管　　变频压缩机

图 1-25　变频电冰箱的工作原理

三、智能电冰箱的工作原理

　　智能电冰箱就是带微电脑控制板和 WIFI 模块板的电冰箱，智能电冰箱不但有冷藏、变温、冷冻、变频等基本功能，而且还有数码显示（见图 1-26）、WIFI（局域网）连接、ABT（除菌净化）、HCS（动态保湿，见图 1-27）等功能。使用具有数码显示功能的电冰箱，它的显示屏能够显示电冰箱的工作状态和各室温度值；具有 WIFI 功能的智能电冰箱可以连接手机，用户可通过手机上的 APP 进行食材管理和远程操控电冰箱的工作状态；具有 ABT 功能的电冰箱，具有杀菌净味的功能，在使用过程中能够抑制电冰箱内部滋生细菌，并且保持 24h 自动巡航，为电冰箱内部的食物提供一个干净绿色的生态环境。

　　智能电冰箱通过微电脑芯片、功能模块（例如变频模块、WIFI 模块）和各种传感器（温度传感器、湿度传感器等）实现智能控制功能，微电脑芯片将面板送来的用户控制信号、各种功能模块信号和传感器送来的传感信号进行处理后送到相应的执行机构，执行机构驱动相应的执行部件执行相应的动作或进行数据交换，以此来达到智能控制的目的，如图 1-28 所示。

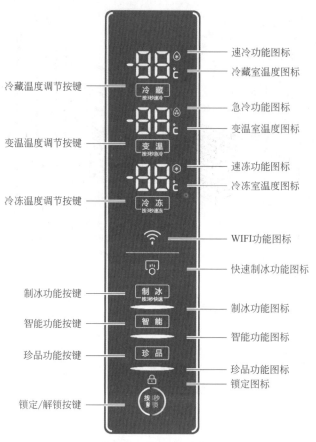

冷藏温度调节按键 —————— 速冷功能图标

冷藏室温度图标

急冷功能图标

变温温度调节按键 —————— 变温室温度图标

速冻功能图标

冷冻室温度图标

冷冻温度调节按键 —————— WIFI功能图标

快速制冰功能图标

制冰功能按键 —————— 制冰功能图标

智能功能按键 —————— 智能功能图标

珍品功能按键 —————— 珍品功能图标

锁定图标

锁定/解锁按键 ——————

图 1-26 数码显示功能

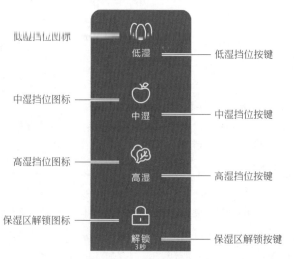

低湿挡位图标 —————— 低湿挡位按键

中湿挡位图标 —————— 中湿挡位按键

高湿挡位图标 —————— 高湿挡位按键

保湿区解锁图标 —————— 保湿区解锁按键

图 1-27 保湿功能

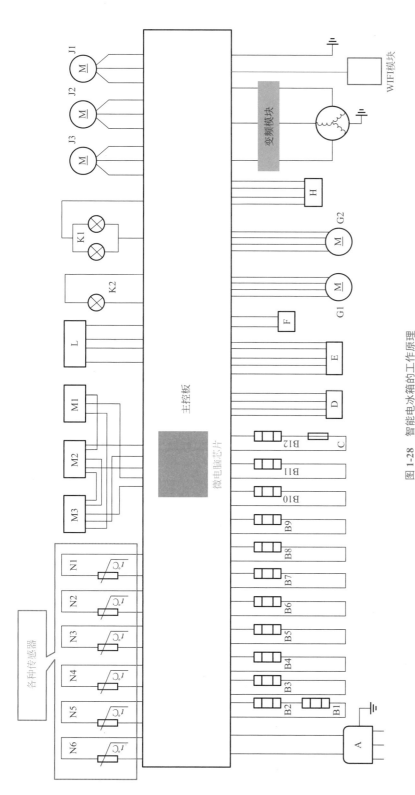

图1-28　智能电冰箱的工作原理

A—电源插头；B1—加热丝1；B2—加热丝2；B3—加热丝3；B4—加热丝4；B5—加热丝5；B6—加热丝6；B7—加热丝7；B8—加热丝8；B9—加热丝9；B10—加热丝10；B11—加热丝11；B12—加热丝12；C—熔断丝；D—显示板；E—三通阀；F—给水线圈；G1—风门11；G2—风门12；H—红外传感器；J1—传感器1；J2—冷冻风机；J3—冷却风机；K1—冷藏照明灯；K2—光波保鲜灯；L—制冰水机；M1—制冰室门开关；M2—冷藏右门开关；M3—冷藏左门开关；N1—传感器1；N2—传感器2；N3—传感器3；N4—传感器4；N5—传感器5；N6—传感器6

　　智能电冰箱为了实现智能控制功能，需要增加相应的控制电路，控制电路全部集成在由主芯片组成的微电脑板上，微电脑板通过四周的接插件与外围电路连接。220V 交流市电送到微电脑板后分成两路：一路通过降压整流后输出 12V 和 5V 直流电（例如 12V 直流风机、风门、电磁阀、冷藏室灯、变温室灯、冷冻室灯、把手灯、显示板等，5V 小显示板、传感器等），供微电脑板及其外围的电路使用；另一路直接送到加热电路和压缩机变频板，加热电路中的加热丝直接输入 220V 交流电，使加热丝发热，对管路进行加热除霜。变频板电路输入 220V 交流电后，经过交流→直流→交流逆变，输出频率可控的三相脉动交流电到变频压缩机，供变频压缩机使用，如图 1-29 所示。

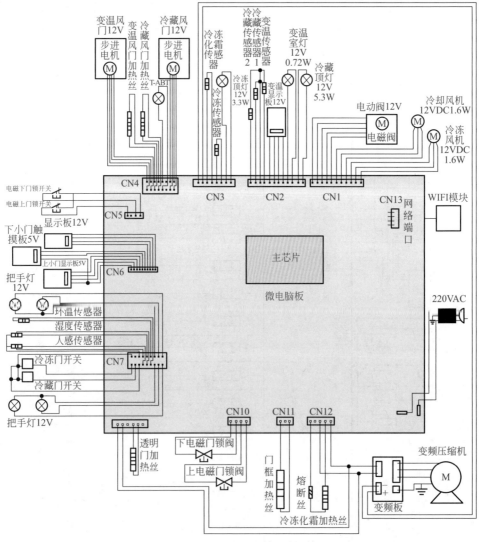

图 1-29　智能电冰箱的控制电路

四、单元电路的工作原理

1. 电源电路的工作原理

220V 交流市电经接插件 CON1 送到保险管 FUSE 和压敏电阻 VR1，一路送到电源变压器 T1，一路送到压缩机和加热器。经过变压器 T1 降压后，也分成二路，一路降压输出的交流电经 D1 ～ D4 整流、CE1、CC7 滤波后输出大于 12V 的直流电，该直流电再送到三端稳压器 IC2，从 IC2 输出 12V 直流电，该直流电经 CE3、CC8、R24 组成的滤波器滤波后，输出恒定的 12V 直流电供后续电路使用；经 T1 降压后的另一路低压交流电，经 D5 ～ D8 整流、CE2、CC10 滤波后，输出大于 5V 的直流电，该直流电送到三端稳压器 IC3，经 IC3 稳压后输出 5V 直流电，再经 CE4、CC9、R25 组成的滤波器滤波后，输出恒定的 5V 直流电，供后续电路使用。5V 直流电再经电感 L1 限流、CC20、CC1、CC21、CE5、CC18 滤波后，从其正负极分别输出 V_{cc} 和 V_{ss} 电源，供后续电路使用。其中，TEST 为 V_{ss} 的测试点。相关电路如图 1-30 所示，分三条主线，红色虚线为三条主线的走向。

2. 振荡电路

振荡电路由 CC20、CC21 与一只晶振 OSC1 组成，又称晶振电路。其作用是生成同步时钟的基本时间和计算内部逻辑元件发送和接收信息的时间。不同的振荡电路，其 OSC1 的频率不尽相同，OSC1 决定计算的时间。图 1-31 所示为其电路原理图，红色虚线表示振荡频率的输入与输出走向。振荡电路实质上就是一个电容与晶振（压电陶瓷，可实现电能与机械能的转化，与外接电容产生谐振）组成的谐振回路，不断地由电场转化为磁场，再由磁场转化为电场，这个转化的频率就为电路提供了一个计时基准。

3. 复位电路

复位电路的作用就是在电冰箱初始供电或切断电源后重新来电时，向主板微处理器提供 10ms 的高电平或低电平，使微电脑的所有功能从初始条件开始工作。通过复位电路可防止"死机"和"程序走飞"。

复位电路主要由复位芯片 IC4、上拉电阻 R1 和充电电容 CC3 组成，上电复位的工作过程是在加电时，复位电路通过电容加给 RST 端一个短暂的高电平（或低电平）信号，此高电平（或低电平）信号随着 V_{cc} 对电容的充电过程而逐渐回落（或升高），从而给微电脑一个中断信号，使微电脑从开始的程序开始工作。图 1-32 所示为复位电路的工作原理图，红色虚线表示复位信号的走向。

💡 提示

RST 端的高电平（或低电平）持续时间的长短取决于电容的充电时间，为了保证微电脑能够可靠地复位，RST 端的高电平信号必须维持足够长的时间。

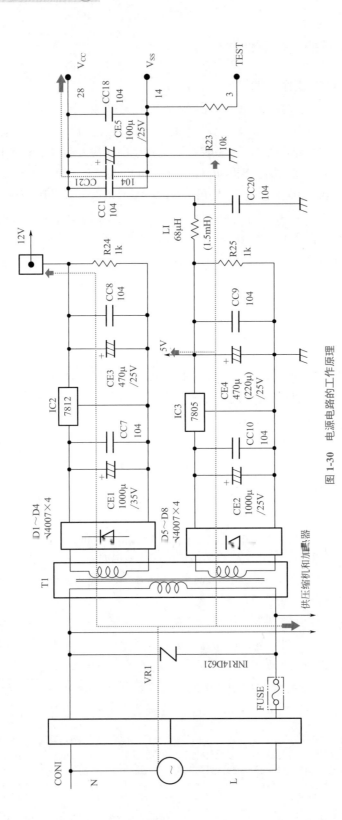

图 1-30　电源电路的工作原理

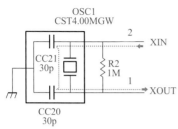

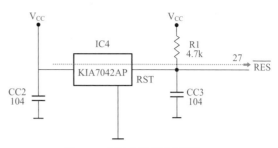

图1-31 振荡电路的工作原理　　　　图1-32 复位电路的工作原理

4. 蜂鸣器驱动电路

蜂鸣器驱动电路主要由蜂鸣器 BUZ、电流放大三极管 Q1 和 Q2、放电电阻 R13（容性蜂鸣器必须并联一只放电电阻）、滤波电容 CC28、余音长短控制电阻 R14 和 R15 及电容 CE6 组成，R14 和 R15 控制电容 CE6 的放电时间长短，从而控制蜂鸣器余音的长短。图 1-33 所示为蜂鸣器驱动电路及其信号走向。

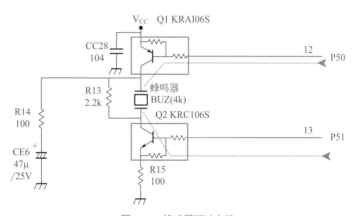

图 1-33 蜂鸣器驱动电路

有些电冰箱的蜂鸣器电路采用集成电路驱动，其工作原理就是通过主芯片产生蜂鸣信号，蜂鸣信号被驱动器放大后，送到蜂鸣器，推动蜂鸣器发出声音。当然，蜂鸣器必须加上工作电源（例如 DC12V）才能工作。图 1-34 所示为蜂鸣器电路的工作原理参考图。

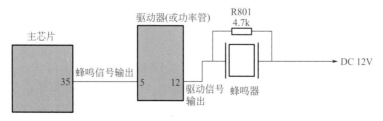

图 1-34 蜂鸣器电路的工作原理

5. 温度检测电路

电冰箱温度检测电路就是通过热敏电阻（温度传感器）感知各室的温度后，其阻值发生变化，变化的阻值信号通过电阻分压电路转化为电压信号送到微电脑芯片，微电脑芯片检测到电压变化信号后，通过内部电路计算出不同电压对应的温度值，并将不同温度值对应的电信号送到显示电路，通过显示屏显示出各室不同的温度值。

图 1-35 所示为电冰箱典型的温度检测电路，F-SENSOR 为冷冻室温度传感器，通过接插器⑧、⑨脚接入电路，该温度传感器与 R16、R10 组成分压电路，对 V_{CC} 电源进行分压，CC4 为信号滤波电容，分压后的电压信号送到微电脑芯片的④脚。同理，R-SENSOR 为冷藏室温度传感器，通过接插器⑥、⑦脚接入电路，该温度传感器与 R17、R11 组成分压电路，对 V_{CC} 电源进行分压，CC5 为信号滤波电容，分压后的电压信号送到微电脑芯片的⑤脚。R-EVA-SENSOR 温度传感器通过接插器④、⑤脚接入电路，该温度传感器与 R18、R12 组成分压电路，对 V_{CC} 电源进行分压，CC6 为信号滤波电容，分压后的电压信号送到微电脑芯片的⑥脚。图中彩色虚线为温度检测信号走向。

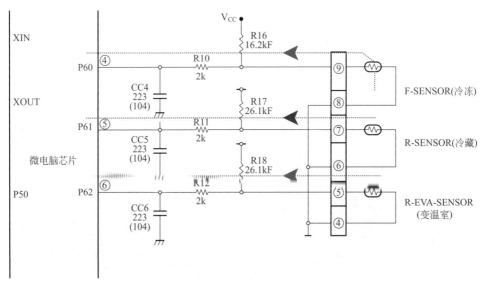

图 1-35　典型的温度检测电路

6. 键控电路的工作原理

操作者按下轻触按键后，来自 P03 ~ P06 的输出扫描电压信号通过 D601 ~ D612 二极管将扫描电压送到 P00 ~ P02，P00 ~ P02 接收到扫描电压信号后，将键扫信号送到主控芯片，主控芯片发出相应的指令到执行部件，执行相应的指令。相关电路如图 1-36 所示。

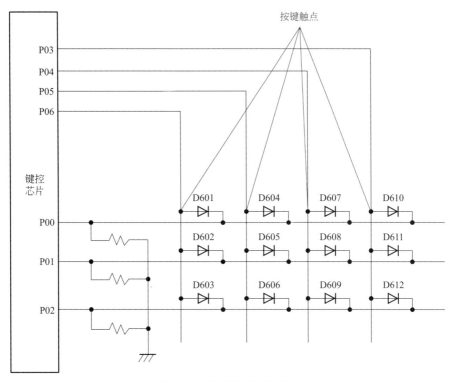

图 1-36　键控电路的工作原理

7.继电器电路的工作原理

电冰箱中采用的继电器电路主要有两种。一种是电磁继电器电路，它是利用电磁线圈通电后产生磁场，磁场将弹性活动触点吸到固定触点上，从而使活动触点与固定触点导通。当主控芯片 IC1 接收到指令需要开启某个功能时，例如需要开启压缩机，其相应的引脚⑬脚输出控制信号到驱动电路 IC2 的④脚，从 IC2 的⑬脚输出低电平到继电器 Ry73，+12V 直流电通过电磁线圈形成导电回路，Ry73 得电后产生磁力，常开触点吸合，220V 交流电通过电磁继电器形成回路，压缩机得电工作。另一种是光电耦合继电器电路，光电耦合器电路是通过其内部的发光二极管导电时发光，其内部的光敏晶闸管受光后导通，将 220V 交流电加到被控电路中。例如，若主控芯片 IC1 接收到信号指令后需要开启 V2 阀，其⑯脚输出控制信号到 IC2 的②脚，从 IC2 的⑮脚输出低电平信号，+12V 直流电通过光电耦合器内部的发光二极管形成回路，发光二极管发光，内部光敏晶闸管受光后导通，220V 交流电通过 V2、Ry71 形成通路，V2 得电工作。相关电路工作原理如图 1-37 所示。

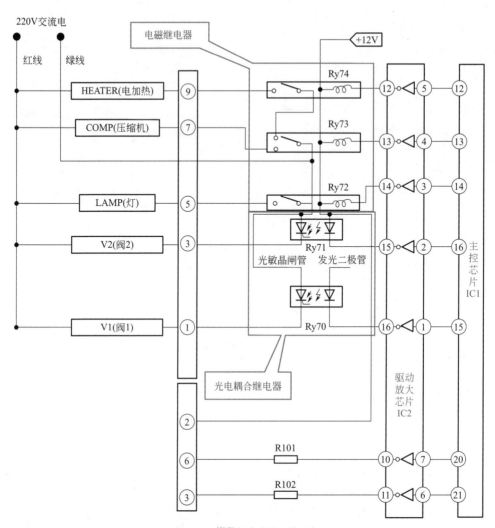

图 1-37　继电器电路的工作原理

在电冰箱主板电路中，除霜、加热、风扇和压缩机的等强电路大多是通过电磁继电器来控制，电磁继电器是一种采用安全低电压来控制非安全强电压的器件，所以在电冰箱控制电路中，电磁继电器电路是常用电路。继电器电路主要由主控芯片、晶体驱动管和继电器组成，由继电器控制电路的通断，如图 1-38 所示。主控芯片的㉕、㉖、⑪、⑮ 脚输出控制信号，分别加到 KRC106S 晶体管的基极上，晶体管导通，继电器内部的线圈得电，产生电磁力，将继电器内部的常开触点吸合，强电源通过继电器的触点将电源送到相应的被控电路，被控电路得电工作。晶体管为继电器的驱动电路，有的为单个晶体管组成的驱动电路，有的为多个晶体管组成的驱动电路。

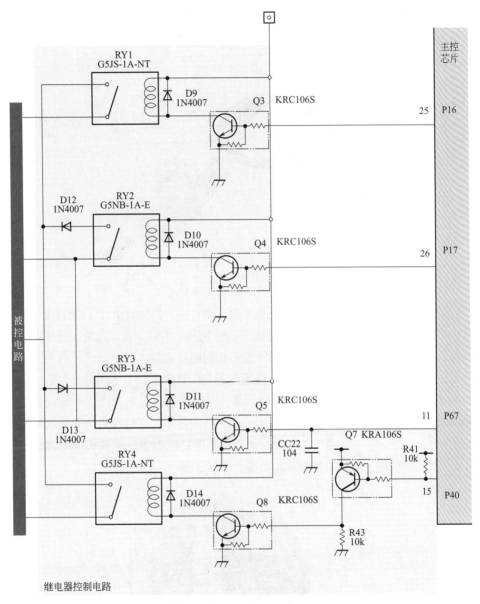

图 1-38 继电器电路的工作原理

8. 压缩机启动电路的工作原理

压缩机启动电路有多种，通常有电容启动式（CSIR）、阻抗分相式（RSIR）、电容启动运转式（CSR）、软启动式（需要增加软启动器）、变频启动式（需增加变频器）等。

电容启动式启动电路就是在压缩机的启动绕组上串联一只启动电容（2～12μF/

450V，如图 1-39 所示)，使启动绕组与运行绕组的分相相位差增大，启动力矩也随之增大，从而达到负载启动的目的。这种启动电路在大型定频电冰箱压缩机中采用较多。

图 1-39　电冰箱的启动电容

阻抗分相式是大多数定频电冰箱采用的启动方式，具体有 PTC 启动继电器(如图 1-40 所示)和重锤式启动继电器(如图 1-41 所示)两种方式。它的工作原理就是利用了运行绕组和启动绕组的线径和匝数不相同阻抗也就不同的原理。当两绕组接入交流电路中时，运行绕组中的电流滞后电压 90° 会产生两个不同的感抗值，虽然到达两个绕组上的是同相位的 50Hz 交流电，但在两个绕组上会产生不同相位差的电流和电压值，从而起到电阻分相作用，产生启动转矩。当电动机转速达到额定转速的 70% ~ 80% 时，启动绕组在启动继电器(PTC 继电器或重锤式继电器)的控制下断开启动绕组，运行绕组单独驱动电动机正常运行。

注意电压和
电阻参数

图 1-40　PTC 启动继电器

1HP=735W
重锤启动继电器电参数，
1/3HP表示能带动额定
功率为250W的压缩机

规格	配用功率
1/6HP	125W
1/4HP	180W
1/3HP	250W
1/2HP	375W

图 1-41　重锤式启动继电器

以上两种启动继电器都是在一定的条件下启动绕组将压缩机启动后，启动绕组自动断开，让运行绕组单独工作。

检测电冰箱
PTC 启动器

检测重锤式
启动器

💡 提示

　　PTC 启动器实质上是一种蝶形正温度系数的热敏电阻片，随温度升高，其电阻值不断增大。在刚启动时因热敏电阻阻值小，启动电流很大，压缩机很轻松就运转起来；当热敏电阻温度上升，阻值就变得很大，相当于自动切断了压缩机的启动绕组供电电源。待下次启动时，热敏金属片已冷却，电阻又变小，启动绕组得电工作。

　　重锤式启动器实质上是一个电磁离合开关，当电流线圈中通过的电流达到吸合电流值时，衔铁被吸上，衔铁带动动触点向上运动，与静触点闭合，接通启动绕组电源，压缩机启动运转。当压缩机进入正常运转状态后，运行电流下降，当运行绕组的运转电流下降到启动器线圈的释放值时，启动继电器衔铁下落，触点分开，启动绕组被断开供电。下次压缩机再次启动时，将重复上述过程。

　　重锤式启动器的安装要注意其安装方位，图 1-42 所示为重锤式启动器安装后的实物图。

压缩机C接线柱

圆形过载保护器　　　　　重锤式启动器

图 1-42　重锤式启动器安装后的实物图

电容启动运转式启动电路是将电容启动电路与启动继电器相结合的产物，它是在启动继电器和启动电容器旁边并联了一只小容量的运行电容器，当启动继电器启动过程结束后，启动电容器虽然已从电路中切断，但启动绕组通过并联的电容与运行绕组形成了并联电路，因而启动绕组没有退出运行，仍然参与了运行绕组的工作，因而可承担一部分压缩机负荷，使压缩机的工作效率更高。这种启动电路的特点就是既有启动继电器和启动电容，也有运行电容。相关电路如图 1-43 所示。

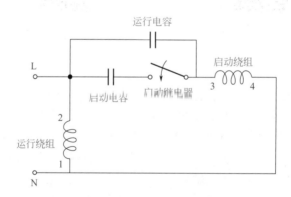

图 1-43　电容启动运转式启动电路

软启动式（需要增加软启动器，如图 1-44 所示）启动电路就是在压缩机供电电路上增加软启动器，由软启动器来启动压缩机。软启动器是一种集软启动、软停机、轻载节能和多功能保护于一体的压缩机控制设备，可实现在整个启动过程中无冲击而平滑地启动压缩机，一般使用在大型电冰箱三相压缩机启动电路中，家用电冰箱中一般不使用软启动器。

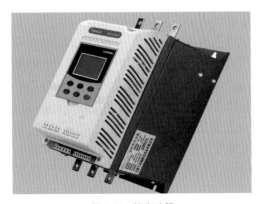

图 1-44　软启动器

变频启动是变频电冰箱常采用的方式，该启动方式需增加变频模块（见图 1-45）。变频电冰箱的变频模块集成在变频驱动板上，由变频板直接驱动变频压缩机工作。变频启动必须要与变频压缩机配合才能工作，变频压缩机是没有启动电容（电阻）和运行电容的，即不需要依靠电容或电阻来产生启动相位差，变频板本身就能产生三相启动相位差，而且能根据电冰箱的工作要求无级调节压缩机的运行速度。变频压缩机的接线柱类似三相压缩机的接线柱，有 U、V、W 三相接线柱，但输入的三相电压不是 380V，是由变频板输出的低压三相交流（或直流）电（一百多伏），所以不能直接接 380V 的三相电来驱动变频压缩机。

模块型号

图 1-45　变频模块

9. 变频电路的工作原理

电冰箱变频电路分单相变频电路和三相变频电路，如图 1-46 所示。不管是哪一种变频电路，其工作原理基本类似，都是通过"交 - 直 - 交"变换来达到变频的目的，其内部电路主要包括整流电路和逆变电路两大部分。从 L、N 端输入的 220V 交流电源，通过 D1 ～ D4 全桥整流后输出直流电源，再通过 R1、R2、C1、C2 组成的 RC 滤波电路滤波后输出约 300V 的直流电，300V 的直流电送到 V1 ～ V6（IGBT

绝缘栅双极性晶体管）组成的逆变电路进行逆变，输出 U、V、W 三相交流电，该
三相交流电的电压和频率可被外部控制电路进行调整，从而调整变频压缩机的工作
电压和工作频率，达到调整压缩机转速的目的。三相变频电路的工作原理与单相类
似，只是从 R、S、T 输入的 380V 三相交流电，经 D1～D6 组成的三相整流桥整
流成直流电，经 RC 滤波电路滤波后，输出约 537V 的直流电。537V 的直流电送到
V1～V6 组成的逆变电路进行逆变，输出 U、V、W 三相交流电，该三相交流电的
电压和频率可被外部控制电路进行调整，从而调整变频压缩机的工作电压和工作频
率，达到调整压缩机转速的目的。

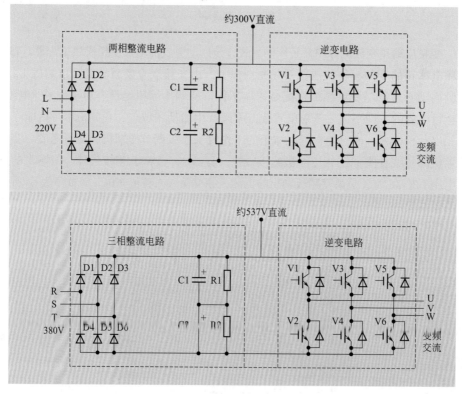

图 1-46   变频电路的工作原理

10. 显示电路的工作原理

新型电冰箱大多采用液晶显示，通过液晶屏显示冷藏室、变温室、冷冻室的工
作状态，诸如温度、湿度等状态参数。液晶显示的工作原理是：来自主控芯片的各
室状态参数信息（CLK、DATA、COM）通过接口电路送到显示板，同时将显示板
所需的工作电源（+12V、+5V、GND）也送到显示板，显示板得电后工作。液晶显
示板有共阴极显示模块和共阳极显示模块。

第二章

电冰箱元器件与拆机

第一节　专用元器件识别与检测

一、温度传感器

　　电冰箱的温度传感器分为膨胀式温度传感器、机械式温度传感器和电子式温度传感器三种。膨胀式温度传感器是利用金属或液体膨胀原理制成的温度传感器，如常用的双金属片陶瓷温控器，一般用在电冰箱的过温保护电路中，如图 2-1 所示；机械式温度传感器又称温控器，一般用在中低端电冰箱上，如图 2-2 所示；新型中高端电冰箱大多采用电子式温度传感器，如图 2-3 所示，它分为冷藏室温度传感器、冷冻室温度传感器和化霜温度传感器。

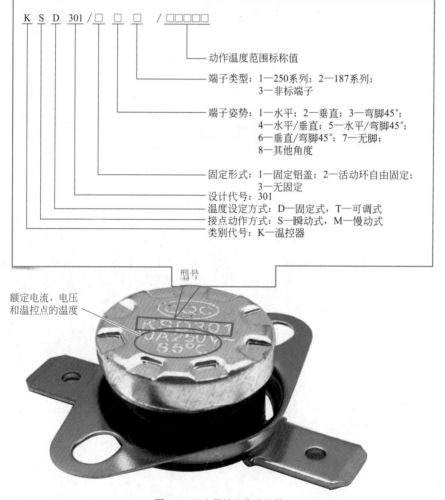

图 2-1　双金属片陶瓷温控器

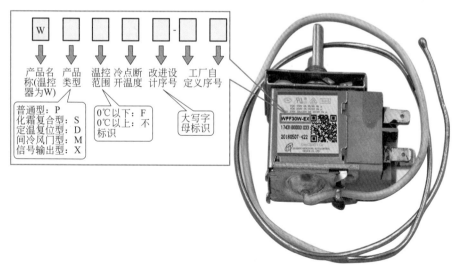

图 2-2　机械式温度传感器

电子温度传感器参数

产品规格：NTC 10kΩ	精度±1% 3950平行线
导线长1m	线尾压XH2.54端子
探头铜壳：5×30mm	

图 2-3　电子式温度传感器

　　检测双金属片陶瓷温控器的方法是：在常温下用万用表检测温控器两触点之间的电阻是否接近 0，若不是，则说明该温控器已开路；再用电烙铁对温控器加热，当温度达到温控点时，再用万用表检测两触点之间的电阻是否为无穷大（万用表显示 1），若不为无穷大，则说明该温控器已损坏。

　　检测机械式温度传感器的方法是：当电冰箱温度处于制冷工作状态时（接线柱 C 与 L 之间），检测机械式温控器通断触点应处于接通状态，当电冰箱处于达到设定温度停机或化霜工作状态时（接线柱 C 与 H 之间），检测机械式温控器应处于断开状态。

　　电子式温度传感器与前两种温控器不同，它不是一个独立的温度控制器，只是一个温度传感器。检测电子温度传感器时，只要用万用表检测其常温下的电阻值是否与标注值相符，然后用手

双金属片温控器的检测

机械式温控器的检测

电子温度传感器的检测

握住感温头，观察电阻值是否有变化。对于 NTC 温度传感器，温度越高，其电阻值越小，即手握温度传感器后，其阻值会变小；对于 PTC 温度传感器，温度越高，其电阻值越大，即手握温度传感器后，其阻值会变大。电冰箱温度传感器大多采用 NTC 温度传感器。

二、温湿度传感器

温湿度传感器是集成了温度传感器和湿度传感器的复合传感器模块，内部包含一个湿敏探头和感温探头，应用在智能变频电冰箱中。图 2-4 所示为其实物外形，图 2-5 所示为其内部组成。

图 2-4　温湿度传感器外形

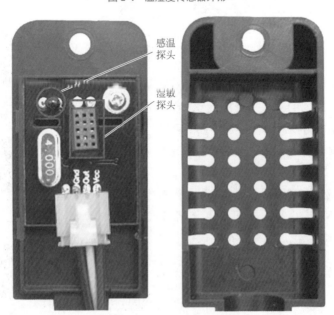

图 2-5　温湿度传感器内部组成

识别温湿度传感器应注意识别以下参数（以 RHTM-02 温湿度传感器为例），根据参数选用合适的温湿度传感器。

① 额定电压：DC 5V。

② 额定电流：5mA（最大）。

③ 温度检测范围：-20 ~ 80℃。

④ 湿度检测范围：0 ~ 100%RH。

⑤ 测温精度：±5℃。

⑥ 测湿精度：±5%RH。

⑦ 存储环境：-20 ~ 70℃，95%RH 以下无结露的环境。

检测温湿度传感器的方法：温湿度传感器必须与电冰箱主板上的单片机连接才能正常工作，通常用三引脚式温湿度传感器和四引脚式温湿度传感器两种，实际上四引脚温湿度传感器也是三引脚的，因为其中一个引脚是空脚（NC）。不管是四引脚式还是三引脚式，其中三个引脚分别为 VDD（或 VCC，系统电源正极）、GND（地，电源负极）和 DATA（串行数据，用来传输温度和湿度数据）。

检测时可拆开温湿度传感器外盖，分别检测感温元件和感湿元件是否正常，手握感温元件，用万用表测量其电阻是否有变化，若有变化，则说明感温元件是正常的；对着感湿探头哈气，测其引线电阻是否有变化，若有变化，则说明感湿元件是正常的。感温和感湿元件正常，再检测其内部连线及焊点无异常，则可判断温湿传感器基本是正常的。

三、门控开关

电冰箱的门控开关主要包括门灯开关和风门开关两种，门灯开关就是打开电冰箱门，控制箱内照明灯点亮或熄灭的开关，即开门点亮，关门熄灭。门灯开关实际上就是一个限位开关，利用箱门或箱门铰链的位移来改变开关触点的位移，从而控制照明灯的亮或灭。按原理分为机械式门灯开关（见图 2-6）和磁敏式门灯开关（见图 2-7），按结构分为单门门灯开关（见图 2-8）和双门门灯开关（见图 2-9）。对于门灯开关来说，只要形状和尺寸相同，它们是通用的。

检测门灯开关主要是通过人为改变门灯开关的位移，同时检测门灯开关触点的通断情况来进行判断，若通断正常，则说明门灯开关是正常的，若不正常，则说明门灯开关已损坏，直接更换同规格门灯开关即可。

动画扫一扫

检测门灯开关

电冰箱的风门开关大多是电动风门，如图 2-10 所示，它是一个组件，由电动风门开关插接器、风门电动机、风门化霜加热丝和风门组成。当电脑板收到指令（例

　　如冷藏室温度过高，已高于设定温度）需要打开风门时，风门加热丝加热，将风门上的冰霜融化，待风门上的冰霜融化后，风门步进电动机转动，风门打开。当需要关闭风门（例如冷藏室温度过低，已达到设定温度）时，风门电动机反向转动，风门关闭。

　　检测电冰箱风门是否正常，可采用加电检测的方法进行判断，给电冰箱的风门步进电动机加上 12V 直流电压，看风门是否打开或关闭，若能正常打开或关闭，则说明风门步进电动机正常。再给风门除霜加热器也加上 12V 直流电压，看加热丝是否有热感；若有，则说明加热丝正常，说明整个风门开关是正常的，否则说明风门开关损坏。

图 2-6　机械式门灯开关

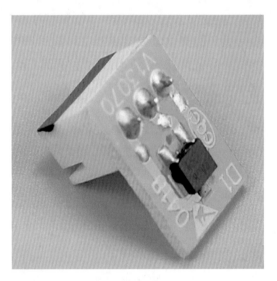

图 2-7　磁敏式门灯开关

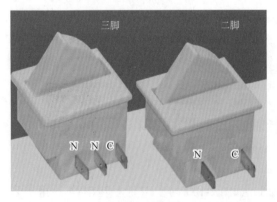

图 2-8　单门门灯开关

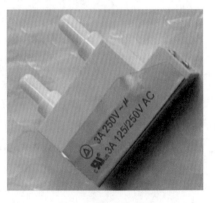

图 2-9　双门门灯开关

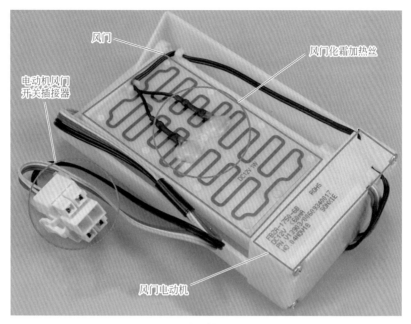

风门

风门化霜加热丝

电动机风门
开关插接器

风门电动机

图 2-10 电冰箱的风门开关

四、电冰箱电脑板

　　电冰箱电脑板又称电冰箱电脑控制板、电源板，普通电冰箱电脑板如图 2-11 所示，智能变频电冰箱电脑板如图 2-12 所示，它是电冰箱的控制中心。识别电冰箱的电脑板主要看电脑板的板号（又称型号、主板编号）及适用型号，板号及适用型号相同即可替换。不同的电脑板适用不同的机型，同一块电脑板可适用不同的电冰箱。

适用机型及板号

图 2-11 电冰箱电脑板

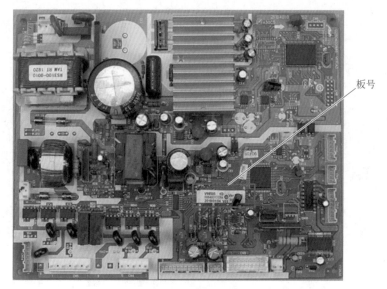

图 2-12 智能变频电冰箱电脑板实物图

　　智能电冰箱一般有三块电路板，一块是电脑板（又称电源板），另一块是显示板（如图 2-13 所示），还有一块是安装在压缩机接线盒内的变频板（如图 2-14 所示）。电脑板上面有各种接口，不管是哪一种电脑板，其上面的接口主要有电源输入接口、传感器接口、控制接口（门灯、风门等）、显示板接口、变频板或压缩机接口。图 2-15 所示为智能变频电冰箱主板及其接口接线图。

图 2-13 显示板

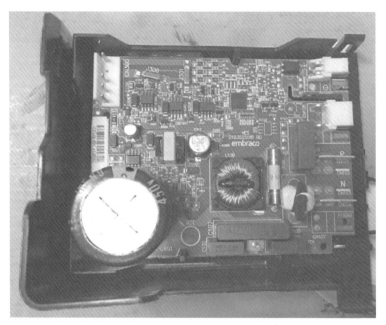

图 2-14 安装在压缩机接线盒内的变频板

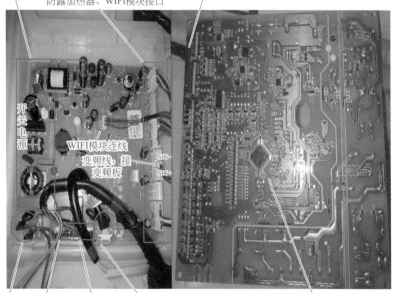

图 2-15 智能变频电冰箱主板及其接口接线图

有的电冰箱采用主板与变频板集成的方式，又称为变频一体板，如图 2-16 所示，它是将安装在压缩机接线盒内的变频板集成到了主板上，主板直接送出 U、V、W 工作电压到压缩机的接线柱上。

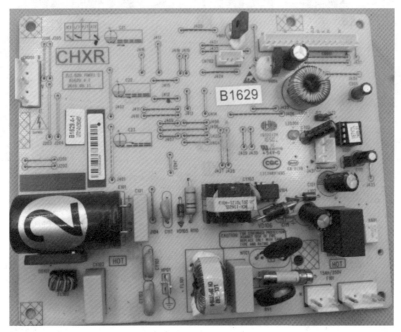

图 2-16　变频一体板

目前电冰箱的电脑板大多采用只换不修的维修方式，维修人员只要判断电冰箱的电脑板是否损坏即可。判断电冰箱的电脑板是否损坏的方法有多种：一是可以根据电冰箱的故障代码进行判断，这是最简单直观的判断方法；二是可以给主板后面的变频板压缩机接口端子接上三个 15W 的灯泡作为假负载（星形连接），给电脑板供电，正常时三个灯泡微亮，都不亮，或只有一两个亮，说明主板或变频板有故障。进一步检测各输出端子的输出电压是否正常，来判断是电脑板故障还是变频板故障。

五、电冰箱显示板

显示板是智能电冰箱的必备电路板，用来显示电冰箱的工作状态。识别显示板的方法与主板类似，也是看显示板的适用型号及板号，如图 2-17 所示，相同型号及板号的显示板即可相互替换。

检测显示板是否正常比较简单，只要将显示板接上主板后，显示板不显示或显示不正常，则说明显示板存在故障，直接更换同型号及板号的显示板即可。

图 2-17　电冰箱显示板

六、电冰箱变频板

电冰箱的变频板一般是安装在压缩机接线盒舱内，只有少数变频板是与主板集成在一起，构成了一体板，如图 2-18 所示。它是变频电冰箱的必备电路板，用来驱动电冰箱的变频压缩机。识别变频板的方法与主板类似，也是看变频板铭牌上的适用型号及板号，如图 2-19 所示。

图 2-18　与主板集成的变频板

检测电冰箱变频板的方法主要有输入端检测方法和输出端检测方法，当输入端检测正常，但输出端检测不正常时，则说明故障出在变频板。

① 输入端检测：先测量 220V 交流电压是否正常，再检测变频信号，将电冰箱开启速冻功能，让变频板工作，检测输入端有没有 0 ～ 5V 之间变频信号（一般在 1.6 ～ 2.7V 之间）。若 220V 交流电压正常，变频信号也正常，则说明变频板的输入端是正常的，重点检查输出端。

② 输出端检测：输出端主要是检测变频板在开启瞬间有没有输出压缩机检测信

号，正常应有 10 ～ 50V 的交流检测信号，也就是说变频板会输出 3 次瞬间电压来检测压缩机。同时，变频板上的指示灯也开始正常点亮，然后约间隔 10s 闪亮 3 次，最后连续闪烁约 20 次，若以上现象均出现，则说明变频板正常，否则说明变频板存在故障。

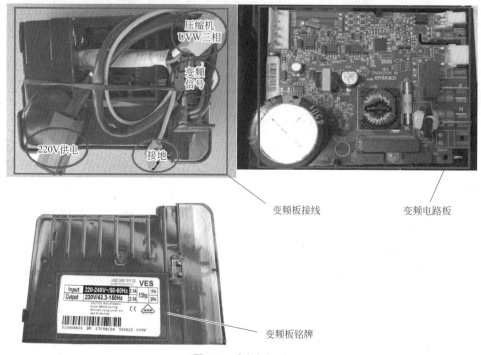

图 2-19   变频板识别

七、过载保护器

电冰箱过载保护器又称过热保护器、过载过热保护器，具有过电流和过温升的双重保护作用，当电流和温度恢复正常后，又可自动或手动恢复正常状态。它分为圆形和蝶形两种（见图 2-20）。它是防止电冰箱的压缩机启动器损坏、启动或工作电流异常，造成压缩机电流过大发热而设置的一种对压缩机的保护装置。当压缩机过电流而发热异常时，过载保护器自动断开，从而切断压缩机的供电电源，达到保护压缩机的目的。

有些电冰箱将启动器与过载保护器做成了一体，如图 2-21 所示，称为带过载保护的启动器。

电冰箱过载保护器上标有多少匹（hp），这是它的规格参数，表示多大的压缩机应配备多大的过载保护器。通常过载保护器与压缩机的匹配关系如表 2-1 所示。

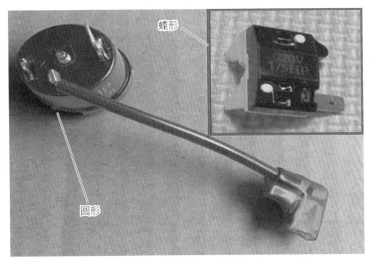

图 2-20 电冰箱过载保护器

图 2-21 带过载保护的启动器

表 2-1 通常过载保护器与压缩机的匹配关系

过载保护器规格 /hp	配用的压缩机功率 /W
1/2	375
1/3	250
1/4	180
1/5	150
1/6	125

检测电冰箱
过载保护器

检测电冰箱过载保护器很简单，用万用表的电阻挡就能检测其是否正常。在过载保护器没有断开的正常状态下，用数字万用表的二极管通断挡检测两端子之间的电阻值，若阻值接近为0，则说明过载保护器基本正常，若阻值为无穷大，且手动将过载保护器复位后，其电阻值仍然为无穷大，则说明该过载保护器已损坏。

八、定频压缩机

定频电冰箱采用的压缩机就是定频压缩机，普通电冰箱大多是定频压缩机，它

图 2-22　定频压缩机实物图

是工作频率不变的一种压缩机。看一款压缩机是不是定频压缩机，从其外壳的标牌上就能明显看出来，定频压缩机的外壳上标注的电压和工作频率（例如 220V/50Hz 或 60Hz）固定不变，没有频率变化范围，如图 2-22 所示，图 2-23 所示为定频压缩机铭牌字符含义。另外，定频压缩机的接线柱上的标识也不一样，定频压缩机三个接线柱一般标注为 M、C、S（也有标为 R、C、S 或 1、2、3 的），分别代表公共端（C 或 2）、运行端（M、R 或 1）和启动端（S 或 3）。

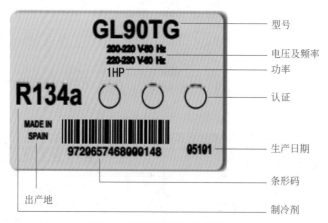

图 2-23　定频压缩机铭牌字符含义

 提示

一般情况下，定频压缩机的接线柱分别对应三根线：运行端接棕色线（L 线），公共端接蓝色线（N 线），启动端接黑色线，黑色线的另一端接启动器。

　　检测定频压缩机的方法是：用万用表的 $R\times 1$ 挡分别检测三个接线柱之间的电阻值（以常见的 M、C、S 接线标注为例），M 与 C 之间为主绕组，阻值最小，其电阻为 10Ω 左右，S 与 C 之间为启动绕组，阻值次之，其电阻为 20Ω 左右，M 与 S 之间为两个绕组之间的电阻，阻值最大，其电阻为上述二者

定频压缩机检测

之和，即 $R_{MS}=R_{MC}+R_{SC}$，$R_{MS} > R_{SC} > R_{MC}$。如果相差太远，则说明该压缩机存在故障。

九、变频压缩机

　　变频电冰箱采用的压缩机就是变频压缩机，变频压缩机分为交流变频压缩机和直流变频压缩机两种。智能电冰箱大多是变频压缩机，它是电压、工作频率变化的一种压缩机。看一款压缩机是不是变频压缩机，从其外壳的标牌上就能明显看出来，变频压缩机的外壳上标注的电压和工作频率（例如 20 ～ 72Hz，60 ～ 130V）是变化的，也就是说它的频率是一个变化范围，而不是一个固定的频率，如图 2-24 所示。另外，变频压缩机的接线柱上的标识也不一样，变频压缩机三个接线柱一般标注为 U、V、W（或 R、S、T），分别代表变频压缩机的三相电压（三相交流或三个交替导通的两相直流）。一般棕色线接 U，蓝色线接 V，黑色线接 W。

电压和频率是变化的

图 2-24　变频压缩机

　　变频压缩机分为交流变频和直流变频两种，交流变频的压缩机铭牌上标注的电压是变化的，直流变频压缩机铭牌上电压是不变的，标识有"⎓"，表示可调脉宽的直流电，可通过改变脉冲宽度来改变电压的直流电，如图 2-25 所示。

直流变频压缩机184V直流，22～80Hz

图 2-25　直流变频压缩机

　　不管是交流变频压缩机（笼型转子式三相异步电动机）还是直流变频压缩机（以永磁钢为转子的直流无刷电动机），其内部的绕组都是三个对称绕组，其检测的方法基本类似，就是检测三个接线柱之间的线圈电阻是否相等，且阻值在正常的范围之内（一般为数欧，不同品牌的变频压缩机不同，例如，三洋变频压缩机接线柱之间的阻值约为 8Ω，美菱电冰箱变频压缩机接线柱之间的阻值约为 10Ω），同时检测三个接线柱与外壳之间的绝缘电阻是否为无穷大，若不为无穷大，则说明压缩机的绕组存在漏电故障。

　　另外，通过检测压缩机的排气压力，也可判断压缩机是否正常。方法是焊开压缩机的低压管，在干燥过滤器的工艺管上焊上维修快速接头（见图 2-26），再接一只压力表（用来测量高压压力，见图 2-27），其他管道均连接好。启动压缩机，观察压力表指针是否快速上升，正常应达到 1.5MPa 以上，可判定压缩机排气正常，若低于 1.5MPa 就可以判定压缩机排气不良，需要更换压缩机。

在干燥过滤器的工艺管上焊上快速接头

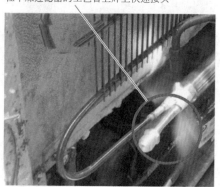

图 2-26　在干燥过滤器的工艺管上焊上维修快速接头

图 2-27　在干燥过滤器工艺管的快速接头上接一只压力表

> **提示**
>
> 　　与检测定频压缩机排气压力不同，检测变频压缩机的排气压力一定不要采取用手指堵排气口的方法来测试排气性能，因为变频压缩机随着压力增高到一定的程度，就会自动降低工作频率，降低排气压力，此时检测的压力是不准确的，容易产生误判。
>
> 　　不管是定频压缩机还是变频压缩机，压缩机外有三根管子（见图 2-28），分别为高压管（出气管）、低压管（进气管或回气管）和工艺管（工艺盲管）。其中，工艺管与低压管（也有高压管）在压缩机内部是相通的。

图 2-28　压缩机外有三根管子

十、电子膨胀阀

电冰箱从冷凝器到蒸发器的节流装置大多采用毛细管，因为毛细管成本低，故障率也低。许多高端的电冰箱也采用电子膨胀阀来节流，如图 2-29 所示，膨胀阀节流的效果更精细，便于电冰箱进行自动化分室精准控温。不同品牌的电冰箱采用不同的电子膨胀阀，但相同型号的电子膨胀阀可以通用。电子膨胀阀上均有型号标注，如图 2-30 所示。

图 2-29　电冰箱上的电子膨胀阀

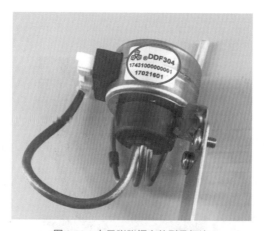

图 2-30　电子膨胀阀上的型号标注

由于检测电子膨胀阀时需要将电子膨胀阀从管路中焊下，需要重新充注制冷剂，还需要拆焊，浪费材料和人力，所以检测电子膨胀阀是否正常，一般采用专用的电子膨胀阀检测器进行检测，方法是将电子膨胀阀的插接器拔掉，在电子膨胀阀的驱动板插座上插入电子膨胀阀检测器，开启电冰箱，检测电子膨胀阀的驱动信号是否正常，若驱动信号不正常，则说明电子膨胀阀正常；若驱动信号正常，则说明电子膨胀阀存在故障。图 2-31 所示为电子膨胀阀检测器，按启停键后，用手摸电子膨胀阀有轻微的振动（约 10s），电冰箱能正常工作，说明电子膨胀阀是正常的，否则说明电子膨胀阀存在故障。

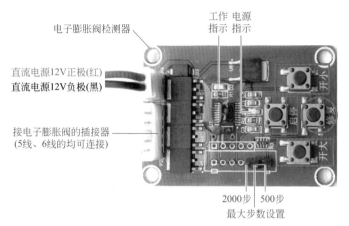

图 2-31　电子膨胀阀检测器

💡 提示

　　若发现电子膨胀阀不正常，可用电子膨胀阀检测器的开大和开小键，分别调节电子膨胀阀阀门开大和开小。当电冰箱的工作电流基本正常后，断开电子膨胀阀检测器，电子膨胀阀的插接器也不接入驱动板。此时电子膨胀阀就变成了固定流量的节流器，类似于毛细管，可作为电子膨胀阀故障的应急处理。

　　当电子膨胀阀出现阀芯卡死故障时，按电子膨胀阀的修复键，同时用螺钉旋具柄敲击图 2-32 所示部位，有时也可排除故障。

敲此处

图 2-32　阀芯卡死故障处理方法

十一、电磁阀

电冰箱电磁阀是用来控制制冷剂的通与断的控制器件，主要分为单稳态电磁阀和双稳态电磁阀两种。单稳态电路控制的电磁阀就是单稳态电磁阀，也就是只有一个线圈的电磁阀，需要持续通电，噪声较大；双稳态电路控制的电磁阀就是双稳态电磁阀，它是自保持电磁阀，采用双线圈控制，一个线圈控制阀体的开，一个线圈控制阀体的关。老式电冰箱大多没有电磁阀，只有单独的一个冷冻蒸发器，没有冷藏蒸发器（冷藏室的冷气来自冷冻室），所以不用电磁阀分流。新式电冰箱大多采用分温区蒸发器，也就是说采用了多个蒸发器，不同的温区采用不同的蒸发器，于是就需要用电磁阀来分流不同蒸发器中的制冷剂。只有冷藏和冷冻室的电冰箱大多采用单体电磁阀（一个进气两个出气的电磁阀），有变温室的电冰箱则采用多体电磁阀（一个进气多个出气的电磁阀），可从型号规格和外形上识别电磁阀，如图 2-33 所示。不同电冰箱品牌，其电磁阀型号规格的编写方法不尽相同。图 2-34 所示为海尔电冰箱电磁阀的型号规格标注方法，相同型号的电磁阀可以互换。

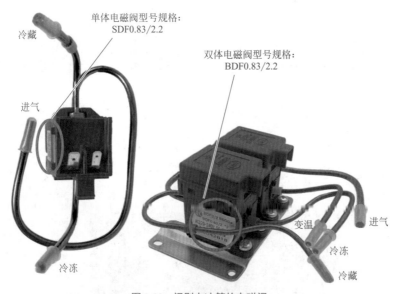

图 2-33　识别电冰箱的电磁阀

检测电磁阀的方法：检测电磁阀是否正常，可通过耳听、手摸和用万用表检测电磁阀线圈电阻的方法进行检测。前两种方法都是直观检测法，听电磁阀有没有动作的声音，用手摸有没有振动的现象可判断电磁阀是否在工作。若怀疑电磁阀不正常，可进一步打开阀体盖，用万用表的电阻挡检测电磁阀线圈的电阻值，正常应在 2kΩ 左右，若为 0 或为无穷大，则说明电磁阀存在短路或开路的故障。应更换同型号同规格的电磁阀。

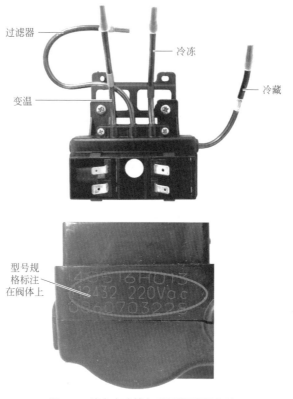

过滤器

冷冻

变温

冷藏

型号规
格标注
在阀体上

图 2-34　海尔电冰箱电磁阀型号规格标注

第二节　电冰箱拆机

一、电冰箱顶盖的拆卸方法

　　电冰箱顶盖的拆卸方法因不同品牌的电冰箱而不完全相同，普通电冰箱的顶盖内部没有电路板，内部只有发泡层，拆卸起来相对麻烦。新式智能电冰箱，因其带有电脑板，而且电脑板大多安装在电冰箱的顶盖内部，只有几颗简单的螺钉固定，拆卸起来相对简单，拆开盖板以后，可以直接看到里面的电脑板。

拆卸电冰箱
顶盖

拆卸智能变频
电冰箱顶盖

电冰箱压缩机
舱的拆卸方法

二、电冰箱压缩机舱的拆卸方法

电冰箱机舱就是压缩机舱，不管是定频电冰箱还是变频电冰箱，其压缩机机舱后盖的拆卸方法基本相同。拆开后盖后就可露出压缩机及其外围部件。

WIFI 模块的拆卸方法

三、WIFI 模块的拆卸方法

电冰箱的 WIFI 模块是智能电冰箱的必备部件，它一般安装在电冰箱的铰链盒内，拆开铰链盒，就可看到 WIFI 模块。

智能电冰箱面板的拆卸方法

四、面板的拆卸方法

智能电冰箱均有面板（显示板），用来显示电冰箱的工作状态，不同的电冰箱，其面板安装在不同的位置，下面以具体品牌为例介绍电冰箱面板的拆卸方法，其他品牌的电冰箱可参照操作。

环温和湿度传感器的拆卸方法

五、环温 / 湿度传感器的拆卸方法

智能电冰箱为了保鲜食品，精准控制，一般采用温湿双控，要同时检测室外的温度和湿度，与室内的温度和湿度进行对比，达到精准控制的目的，所以在门铰链盒的内部安装了室外温度和湿度传感器。新型温度和湿度传感器集成在一个传感头上，当然不同的电冰箱，其安装的位置不尽相同。

启动器与过载保护器的安装方法

六、启动器 / 过载保护器的拆装方法

电冰箱的启动器与过载保护器是定频压缩机的两个重要部件，启动器与过载保护器一般安装在压缩机接线盒内，启动器负责压缩机的启动，过载保护器负责压缩机的过载停机保护。启动器接在定频压缩机的 M、S 接线柱上，过载保护器接在压缩机的 C 接线柱上，电源的火线接启动器插片，零线接过载保护器插片。拆卸时按与安装相反的顺序进行。

七、灯和温控器的拆装方法

动画扫一扫

普通电冰箱的照明灯和温控器一般设计在冷藏室的侧壁塑料盒内，该盒内一般有温控器、照明灯和温度补偿开关，其拆卸方法见视频所示。安装则按与拆卸相反顺序进行。

灯和温控器
的拆装

第三章

电冰箱维修
工具使用

◀◀◀

第一节　通用工具使用

一、改锥（旋具）

改锥是用来拆装电冰箱的一字或十字螺钉的工具。电冰箱适用的改锥有图 3-1 所示一字和十字磁性改锥，选用 3～5mm 的较为合适，也可选用电动改锥，如图 3-2 所示，电动改锥更省力更快捷。

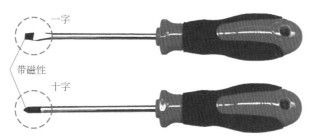

图 3-1　一字和十字磁性改锥

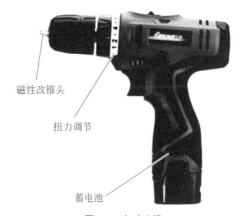

图 3-2　电动改锥

💡 提示

改锥的头部有一字、十字、米字、T 形（梅花形）和 H 形（六角）等，电冰箱维修保养大多采用一字和十字形。十字改锥的刀头大小又分为 PH0、PH1、PH2、PH3、PH4（也有用 No. 或 # 表示的，含义是一样的，PH2 就是 No.2 或 2#）。PH 后面的数字越大，其刀头越大越钝，PH0 一般适用 M1.6～2 的螺钉，PH1 一般适用 M2～3 的螺钉，PH2 一般适用 M3.5～5 的螺钉，电冰箱维保工作中大多选用 PH1 和 PH2 刀头的改锥。使用改锥时要注意改锥的吻合度是否合适，如图 3-3 所示。

图 3-3　改锥的吻合度

二、内六角扳手

电冰箱维修常用的内六角扳手如图 3-4 所示，应选用 3 ～ 8mm 的磁性长批头内六角扳手较为合适。

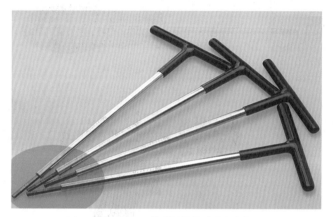

图 3-4　3 ～ 8mm 的磁性长批头内六角扳手

三、钳子与扳手

电冰箱维修常用的钳子有平口钳、尖嘴钳、斜口钳和剥线钳几种，如图 3-5 所示。

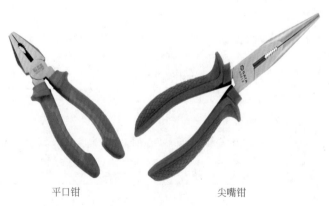

平口钳　　　　　　　　　　尖嘴钳

斜口钳　　　　　　　　　剥线钳

图 3-5　平口钳、尖嘴钳、斜口钳和剥线钳

　　电冰箱维修常用扳手主要有梅开两用扳手、大活动扳手、套筒扳手、大开口扳手和微型扳手几种，如图 3-6 所示。

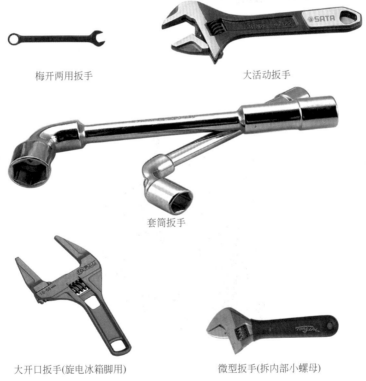

梅开两用扳手　　　　　　　　　　　大活动扳手

套筒扳手

大开口扳手(旋电冰箱脚用)　　　　　　微型扳手(拆内部小螺母)

图 3-6　梅开两用扳手、大活动扳手、套筒扳手、大开口扳手和微型扳手

四、镊子与刀片

　　电冰箱维修使用的镊子通常需要尖头、弯头和平头三种，选用 100mm 的小型镊子较为合适，如图 3-7 所示。电冰箱维修常用的刀片多采用裁纸刀（用来切割发

泡层），如图 3-8 所示。

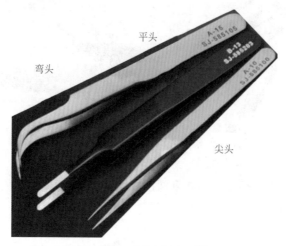

图 3-7　尖头、弯头和平头三种镊子

图 3-8　裁纸刀

第二节　专用工具使用

一、万用表

电冰箱维修中最好选用多功能的数字钳形万用表，如图 3-9 所示，万用表具有如图 3-10 所示的功能，基本上能满足电冰箱维修和保养的各种需要，其中 NCV（非接触测量）功能可用来检测电冰箱外壳是否带电、是否存在漏电现象。

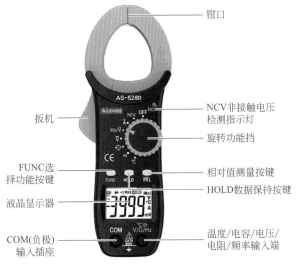

图 3-9 多功能的数字钳形万用表

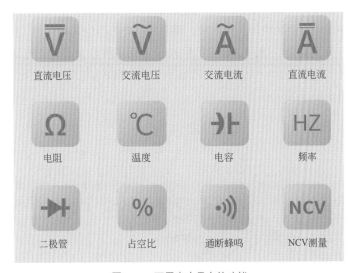

图 3-10 万用表应具有的功能

使用数字钳形万用表检测交流电流时，要将万用表的挡位旋钮调到交流电流的挡位（Ã），将万用表的钳口夹在需要测量电流线路的外面，注意只能夹单根线，不能夹双根线。万用表的屏幕上显示的电流就是所测线路中流过的电流大小，如图 3-11 所示。

使用数字钳形万用表检测直流电流时，要将万用表的挡位旋钮调到直流电流的挡位（$\overline{A}$），将万用表的钳口夹在需要测量电流线路的外面，注意只能夹单根线，不能夹双根线。万用表的屏幕上显示的电流就是所测线路中流过的电流大小，如图 3-12 所示。

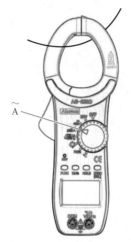

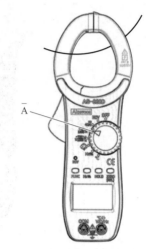

图 3-11　用数字钳形万用表检测交流电流　　　　图 3-12　用数字钳形万用表检测直流电流

使用数字钳形万用表检测二极管时，要将万用表的挡位旋钮调到二极管挡（⊷⊢），将万用表的红黑表笔分别接到二极管的两端，万用表屏幕上显示的电压就是二极管的正向电压降（一般为 0.3 ～ 0.7V），若显示"1"，则表示二极管接反了，其电阻为无穷大，如图 3-13 所示。

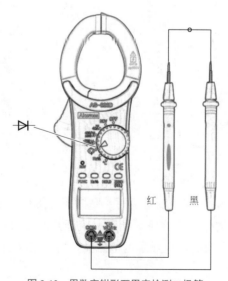

图 3-13　用数字钳形万用表检测二极管

> **💡 提示**
>
> 　　用数字钳形万用表检测电冰箱外壳是否带电时，先将电冰箱的三芯电源插头插入插座，然后用数字钳形万用表的右钳夹 ⏚ 标志处靠近电冰箱的外壳，若数字钳形万用表的指示灯闪光，并发出报警声，说明电冰箱的外壳带电。注意检查电冰箱线路（压缩机、温控器等）的绝缘性和市电插座的接地线是否正常接地。

二、电烙铁

　　维修电冰箱一般选用 60W 的内热式可调温的电烙铁，如图 3-14 所示。电烙铁最好带接地防静电夹，焊接时将防静电夹良好接地，以防电击穿被焊接的元器件，如图 3-15 所示。还要配备四个不同的内热式烙铁头，以适用不同的焊接对象，如图 3-16 所示。

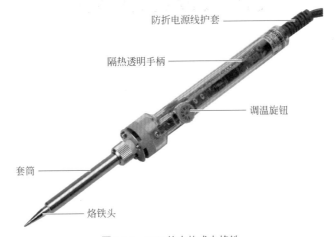

防折电源线护套

隔热透明手柄

调温旋钮

套筒

烙铁头

图 3-14　60W 的内热式电烙铁

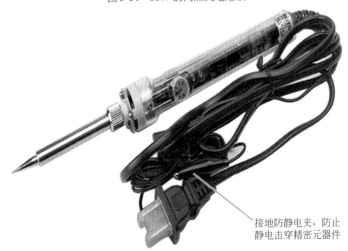

接地防静电夹，防止
静电击穿精密元器件

图 3-15　接地防静电夹

刀头　　马蹄头　　粗尖头　细弯头

图 3-16　四个不同的内热式烙铁头

使用电烙铁时，应注意不同焊件的温度选择，如图 3-17 所示。焊接时要温度适当，要准确、快速、干净。

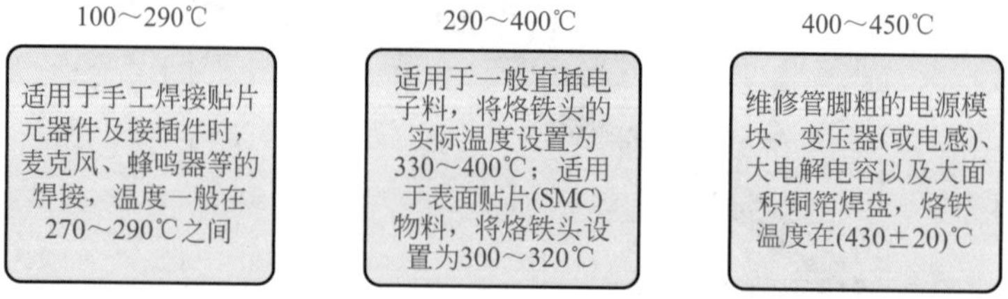

100～290℃

适用于手工焊接贴片元器件及接插件时，麦克风、蜂鸣器等的焊接，温度一般在270～290℃之间

290～400℃

适用于一般直插电子料，将烙铁头的实际温度设置为330～400℃；适用于表面贴片(SMC)物料，将烙铁头设置为300～320℃

400～450℃

维修管脚粗的电源模块、变压器(或电感)、大电解电容以及大面积铜箔焊盘，烙铁温度在(430±20)℃

图 3-17　不同焊件的温度选择

三、真空泵

真空泵是用来给电冰箱制冷系统抽真空的机器，防止电冰箱制冷管道因水分过高而产生冰堵现象。图 3-18 所示为电冰箱抽真空专用真空泵。使用真空泵之前，先要检查真空泵的油位是否正常，若油位过低，则要先加注机油。使用真空泵时，拆除进气嘴盖，将进气嘴连接到电冰箱制冷管道的维修口上，同时拆除排气出口盖，插上电源开机即可工作。使用后，先拔掉电源插头，再拆下进气连接管，并盖上进气嘴盖。图 3-19 所示为使用真空泵时所需要的配件。

检测真空泵是否正常，开机试验看真空泵是否运转平稳，声响是否正常，有无过热现象。同时检查润滑油质情况，若发现润滑油变质应及时更换新油，确保真空泵工作正常。连接真空压力表试抽真空，看能否达到真空泵所能抽到的真空极限值。

图 3-18　电冰箱抽真空专用真空泵

真空泵油　　　　　加氟管　　　　　410转换头　　　　加氟垫圈　　　　工作手套

图 3-19　使用真空泵时所需要的配件

四、制冷系统维修连接件

电冰箱加注制冷剂、抽真空和吹氮检漏均要用到加氟管，如图 3-20 所示。红色用于高压连接，蓝色用于低压连接，黄色用于加制冷剂。使用抽真空及制冷剂加注管时要注意接口是公制还是英制的，是不是专用接头。若是公制的，不管是电冰箱维修口接头、真空泵进气口、开瓶器接头还是压力表接头均采用公制的，若是英制的，则需要全部采用英制的。若其中有部分接口制式不统一，也可以采用公英制转换头或专用接头（例如采用 R410a 制冷剂变频空调用的 410 接头）进行转换。另外，加制冷剂时，还要配万能开瓶器，它是连接小瓶制冷剂瓶接口用的。图 3-21 所示为转换头及开瓶器实物图。

图 3-20 加氟管

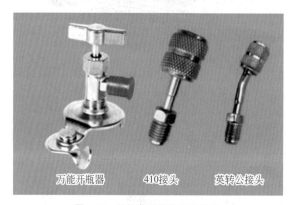

万能开瓶器　　410接头　　英转公接头

图 3-21 转换头及开瓶器实物图

💡 提示

　　如何区分公制头、英制头和410头，正规厂家生产的三种接头，其表面花纹有明显区别，容易辨别。公制头外表中间有凹槽，内部螺纹要密一些，英制头外表中间没有凹槽，内部螺纹要稀一些，410头跟公制类似，但花纹带要窄一点，内螺纹要稀一些，如图 3-22 所示。

公制头　　英制头　　花纹带比公制的窄　R410

图 3-22 区分公制头、英制头和 410 头

五、压力表

压力表（见图 3-23），是用来检测电冰箱制冷系统的压强大小（俗称压力）。表上有多种单位的刻度线，如 MPa（兆帕）、bar（巴）、atm（标准大气压）、inHg（英寸汞柱）、mmHg（毫米汞柱）、psi（lbf/in²，磅力每平方英寸）、kgf/cm² 等，除了 MPa、bar、atm 为许用单位外，其他均为非许用单位。

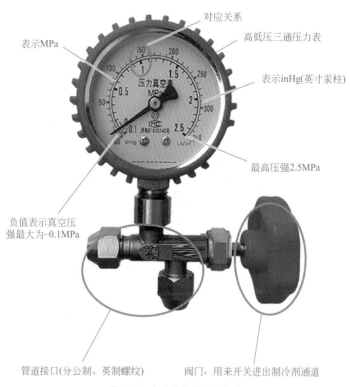

图 3-23　电冰箱维修用压力表

它们的换算关系为：

1atm=14.696psi

1bar=100kPa

1MPa=1000kPa

1MPa=10bar=10.19716kgf/cm²

1kgf/cm²=98kPa=0.098MPa

1lbf/in²=1psi=6.895kPa

1bar=14.5psi=100kPa=0.1MPa≈1 kgf/cm²

1 mm Hg =133 Pa

1 atm = 760 mmHg=1.033kgf/cm²=29.92126inHg

💡 **提示**

日常使用压力表时应记住以下换算关系：1atm ≈ 30inHg ≈ 1bar=0.1MPa ≈ 1kgf/cm^2 ≈ 14.696psi，1MPa 大约是 1lbf/in^2（或 psi）的 145 倍，也就是 1MPa 大约对应 145lbf/in^2（或 psi）。

六、排空钳

排空钳（图 3-24 所示为排空钳和制冷剂收集管实物图）是用来给电冰箱（电冰柜）制冷管道收集或泄放制冷剂的专用工具，在维修电冰箱时特别方便实用。维修电冰箱管道系统时，先要将管道内的制冷剂收集或泄放，不能直接剪断管道将制冷剂排到空气中。直接排到空气中一方面造成浪费，另一方面由于制冷剂在室内大量聚集，容易引起燃烧和爆炸，同时含氟的制冷剂还会破坏大气中的臭氧层，所以采用排空钳收集制冷剂非常必要。

图 3-24　排空钳

排空钳将制冷管道压紧密封后，中间的孔针刺破管道，如图 3-25 所示，制冷剂从刺破管道的小孔内流入收集管，从而达到收集制冷剂的目的。

刺破的小孔

图 3-25　孔针刺破管道

七、封口钳

封口钳（如图3-26所示为封口钳实物图）是用来将铜管夹扁，使管道封闭的制冷专用工具。常用来将电冰箱的维修工艺管管口夹扁，防止制冷剂泄漏。

平整的钳口，能更有效地压接

强有力的锁紧装置

图3-26　封口钳

封口钳常用在电冰箱制冷剂充注之后，切断工艺管连接之前将工艺管夹扁时使用。图3-27所示为夹扁效果图。

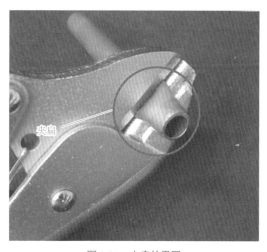

夹扁

图3-27　夹扁效果图

八、毛细管剪钳

毛细管剪钳是用来剪断电冰箱毛细管的专用钳子，图3-28所示为其实物图。使用毛细管剪钳时要注意它的最大剪管直径是多少，一般的毛细管剪钳只能剪断直径为3mm以内的毛细管。毛细管剪钳剪切毛细管后，毛细管的内孔不会变瘪堵死，不会损坏毛细管。图3-29所示为其操作方法。

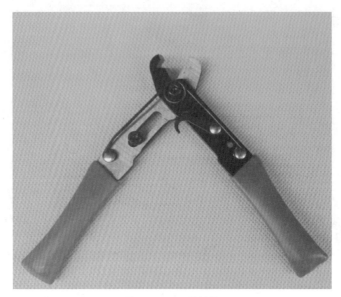

图 3-28　毛细管剪钳

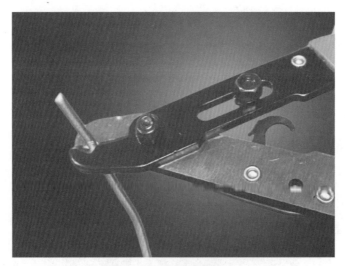

图 3-29　毛细管剪钳操作方法

九、切管钳

切管钳是用来切断电冰箱铜管的专用钳子，如图 3-30 所示为其实物图。电冰箱的铜管直径较小，一般选用小型切管钳。切管操作如图 3-31 所示，将铜管放入钳口，旋紧旋钮，同时沿铜管 360° 转动切管钳，边转动边旋紧旋钮，直到切下铜管。利用切管钳切断的铜管，铜管切口平齐无毛刺，且不会变形。

旋钮

切管刀片

图 3-30　切管钳

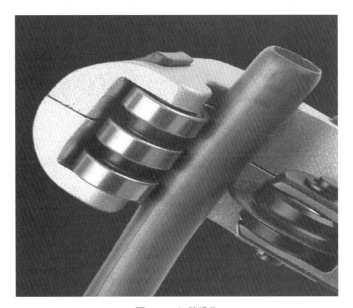

图 3-31　切管操作

十、便携式小型焊炬

电冰箱制冷系统维修时，需要焊接管道（铜管、铝管或不锈钢管），而且需要上门维修的较多，所以，维修人员通常携带便携式小型焊炬进行焊接较为方便。小型焊炬是由氧气瓶、燃气瓶（或煤气瓶）及焊枪组成。图 3-32 所示为其实物图。

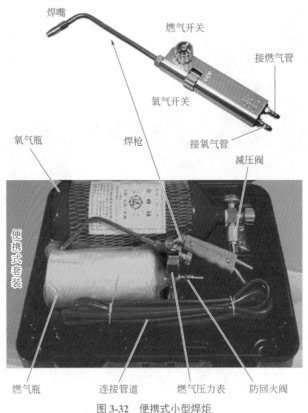

图 3-32　便携式小型焊炬

使用便携式小型焊炬时，应按以下规程操作。

1. 先进行射吸性和密封性安全检验

使用焊炬前必须先检查其射吸性能。检查方法为：将氧气胶管紧固在氧气接头上，接通氧气后，先开启乙炔调节手轮，再开启氧气调节手轮，然后用手指按在乙炔接头上，若感到有一股吸力，则表明其射吸性能正常。如果没有吸力，甚至氧气从乙炔接头中倒流出来，则说明射吸性能不正常，必须进行修理，严禁使用。

如射吸性能正常，再检查其密封性。检查方法为：把乙炔胶管接在乙炔接头上，将焊炬浸入干净的水槽里，或者在焊炬的各连接部位、气阀等处涂抹肥皂水，然后开启调节手轮，送入氧气和乙炔气，如发现有气泡，则说明该处存在漏气现象，不能使用。待维修好后才能使用。

2. 点火操作

经以上检查合格后，才能给焊炬点火。点火的顺序相当重要，为保证安全，应先开燃气（乙炔），点燃后立即开氧气，并通过调节氧气的大小来调整火焰的大小。采用摩擦引火器或其

焊炬介绍

他专用点火装置点火更安全。

> 💡 提示
>
> 操作小型焊枪的维修人员应持有焊工操作证方可进行操作。氧气瓶应三年年检一次，燃气瓶应一年年检一次或使用一次性防爆燃气瓶。小型焊枪应避免高温、日照和敲击，周围环境的温度不能超过 50℃，一定要远离火源，以防爆炸造成事故。

　　对于小型电冰箱管道的维修也可采用便携式无氧焊炬，如图 3-33 所示，这样上门维修更方便轻巧，但无氧焊炬的温度比小型焊枪的温度要低，不适合大功率商用电冰箱管道的焊接，只适用家用中小型电冰箱管道的焊接。

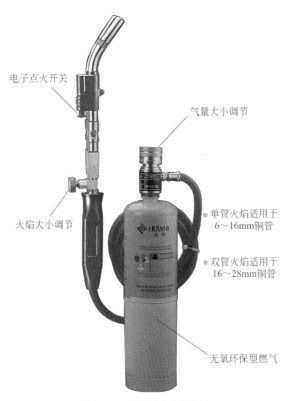

电子点火开关

气量大小调节

火焰大小调节

单管火焰适用于
6～16mm铜管

双管火焰适用于
16～28mm铜管

无氧环保型燃气

图 3-33　便携式无氧焊炬

第四章

电冰箱维修
方法与技能

◀◀◀

第一节　维修方法

一、电冰箱工作不正常通用维修方法

电冰箱工作不正常→检查电源及电压→检查电源线→检查插头及熔丝→观察压缩机是否启动（启动时，手摸压缩机有轻微振动）→压缩机能启动→检测压缩机启动电流是否正常→观察显示屏是否正常显示，有没有故障代码→有故障代码就根据故障代码指引排查故障→没有故障代码则分室检查电冰箱的工作状况。

若压缩机不能启动→观察显示屏及电冰箱灯是否亮→不亮→检查供电线路→显示屏及电冰箱灯亮→检测主板输出信号是否正常→主板正常→检查变频板→重插主板和变频板各接插件→检测各端子输出电压和信号→检查压缩机及过载保护器。

动画扫一扫

检测压缩机
启动电流

二、电冰箱冷藏室工作不正常通用维修方法

检查冷藏室风机及线路→检查冷藏化霜加热器（见图4-1）→检查电动切换阀及线路→检查冷藏室风门是否正常（间冷式电冰箱）→检查冷藏室风门电动机（间冷式电冰箱）→检查压缩机输出功率与额定功率是否一致→压缩机功率过小→系统制冷剂不足，需要补充制冷剂→压缩机实际功率过大→系统存在堵点→找出堵点，重新拆焊、抽真空、加注制冷剂。

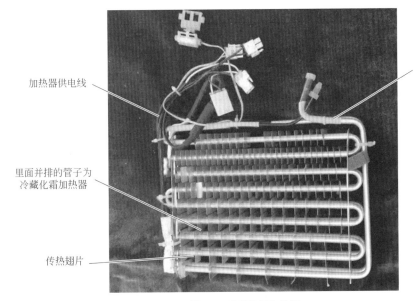

加热器供电线

外面并排的管子为制冷管道

里面并排的管子为冷藏化霜加热器

传热翅片

图 4-1　冷藏化霜加热器

三、电冰箱冷冻室工作不正常通用维修方法

检查冷冻室风机及线路→检查冷冻化霜加热器→检查电动切换阀（就是电磁阀，如图 4-2 所示）及线路→检查压缩机输出功率与额定功率是否一致→压缩机功率过小→系统制冷剂不足，需要补充制冷剂→压缩机实际功率过大→系统存在堵点→找出堵点，重新拆焊、抽真空、加注制冷剂。

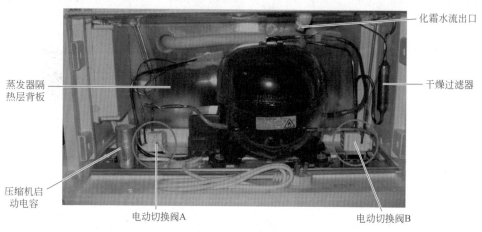

化霜水流出口

蒸发器隔热层背板

干燥过滤器

压缩机启动电容

电动切换阀A

电动切换阀B

图 4-2　电动切换阀

💡 提示

实际功率与以上额定功率相比，如果偏差 10W 以内可以认为属于正常情况。

四、电冰箱变温室工作不正常通用维修方法

检查变温室的温度→温度偏高→检查变温室风门（见图 4-3）→清理变温室风门的发泡料→检查变温室风门线路→更换变温室风门电动机。

变温室风门

图 4-3　变温室风门

变温室温度偏低→变温室风门不能关闭→更换变温室风门。

五、电冰箱制冷不良通用维修方法

检查冷凝风机→检查冷凝风机线路→听蒸发器进口处制冷剂流动声→听不到制冷剂的流动声，说明制冷功率很低→停机后割开压缩机工艺管（该管与进气管相通，维修之前需在工艺管上焊接快速接头，见图4-4）→观察有无制冷剂液体喷出→无液体喷出→说明制冷剂全部泄漏→查到漏点，抽真空后加注制冷剂。工艺管有液体喷出→再开机割口无吸力→压缩机异常→检查压缩机→再开机割口有吸力→压缩机高压侧端堵塞→找到堵点，抽真空加注制冷剂。

在工艺管上焊上快速接头

图 4-4　在工艺管上焊上快速接头

💡 提示

对电冰箱内漏点进行补焊时，一定要进行保压检漏，无泄漏后再补发泡料。

六、制冷深度不够维修方法

环境温度是否低于16℃→打开低温补偿开关（见图4-5）→检查温度补偿加热丝→检查温度补偿加热电路接插件→检查制冷管道系统→制冷剂泄漏→找到泄漏点→修补漏点→抽真空→加注制冷剂。

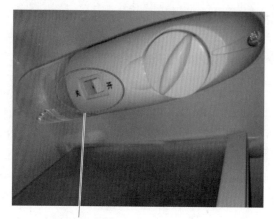

低温补偿开关

图 4-5　低温补偿开关

七、电冰箱门体不正维修方法

这种情况只需调整门体铰链（见图 4-6），将门摆正即可。具体方法是：松开电冰箱的下铰链螺钉→左右移动门体→调整门体位置到正常→固定旋紧铰链螺钉。

门体铰链

图 4-6　门体铰链

八、照明灯不亮维修方法

检查电冰箱的照明灯→检查门灯开关弹力→可用手轻拉门灯开关→取下门灯开关的塑料罩→检查门灯开关按钮边缘的光滑程度（见图 4-7）→用小刀片刮掉边缘毛刺→将门灯开关塑料罩取下→检查门灯开关压片传力装置→取出压片和门灯开关→将压片卡到位。

检查门灯开关按钮边缘的光滑程度

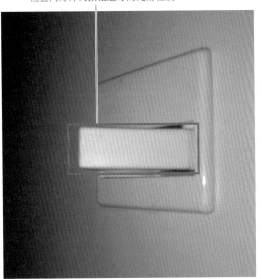

图 4-7　检查门灯开关按钮边缘的光滑程度

九、制冷剂泄漏维修方法

　　检修之前为避免可能产生静电从而产生火花，要求所有设备必须可靠接地→检查周围环境无火源并保持良好的通风→断开电冰箱电源→用排空钳刺穿干燥过滤器（干燥过滤器带工艺管）上的工艺管泄放制冷剂（接上带快速接头的三通阀表，同时用钳子夹断干燥过滤器上的毛细管，一定保证夹断的毛细管管口密封，以便让系统的制冷剂通过压缩机排到干燥过滤器，并从过滤器工艺管的排空钳中排出）→将排空钳的排气管引至室外→开启电冰箱电源→运行 5min 后停止→暂停 3min →再运行 5min →使管路系统原来的制冷剂含量降到最低（维修时若充注不同类型制冷剂更要注意这一操作）→在压缩机工艺管上（接上带快速接头的三通阀表）用氮气将管路系统吹 5s 以上（吹氮气检漏，氮气压力不超过 0.4MPa）→用肥皂水检漏→修补漏点后→放掉氮气，在干燥过滤器的工艺管上抽真空 20min 左右，使真空度达到规定值→用电子秤称量额定制冷剂量→从压缩机工艺管上加注制冷剂→插电运行→制冷正常后封工艺管口→封口处用肥皂水检漏→煲机运行 2h →检测电冰箱的工作性能→完全正常后交客户验机。相关操作如图 4-8 所示。

💡 提示

　　返修时若更换压缩机，灌注量为规定值；不更换压缩机，灌注量为规定值的 90%。检修制冷剂泄漏故障有一定的危险性，原则上不允许在用户家打开制冷系统进行操作。

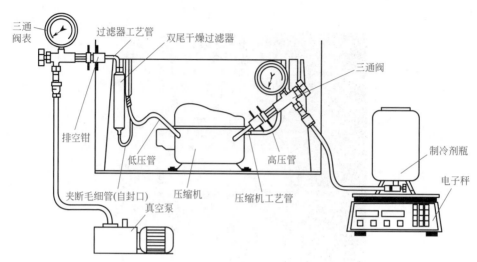

图 4-8   制冷剂泄漏的维修连接示意图

十、电冰箱异响维修方法

电冰箱表面异响大多是由于电冰箱的压缩机舱里的管道碰触或压缩机减振螺钉松动引起的，如图 4-9 所示。只要检查图中红圈部位，并消除这些部位的碰触或松动现象，故障即可排除。另外，电冰箱内部挡板、风扇、门框也可能存在异响，这些部位因为比较分散，只要根据声音方位就能判断故障部位。

图 4-9   电冰箱异响部位

对于更深层次的异响，因异响不同，其产生的部位不尽相同，以下分别进行介绍。

1.电冰箱工作时发出振动噪声

引起该故障应检查以下原因：电冰箱安装位置水平度差，电冰箱部分地脚螺钉与地面间存在间隙，当压缩机启动或停止时制冷剂循环改变状态，导致电冰箱振动，发出振动噪声。对于该故障，可调整电冰箱地脚螺栓与地面接触良好（见图4-10），并尽量保持水平，在地脚螺栓与地面之间加橡胶或泡沫垫，减轻振动。

2.电冰箱停机时有撞击声响

新电冰箱运行1～2年中，压缩机的排气阀由于精度不高，关闭不严，导致漏气，与电动机的制动力叠加在一起，引起电冰箱停机时产生较大的撞击声响，运行时间加长后，排气阀不再漏气，活塞的反推力也不存在。因此，电冰箱停机时的撞击声响也随之消失。

3.电冰箱发出低沉的"嗡嗡"电磁声

引起该故障应检查以下原因：电网电压过低，压缩机启动困难；熔断器、插座、插头等元件与导线的焊接点松动，造成时通时断；电容器电容量不足或变质失效。对于"嗡嗡"电磁声的排除方法：测量电源电压，当低于额定电压的20%时，则应安装自动调压器；检查熔断器、插头、插座的连接与接触状态，不符合要求的进行检修或更换，特别要更换电容器。

4.电冰箱发出压缩机振动声

引起该故障应检查以下原因：电冰箱的背面或侧面紧靠墙壁，且通过墙壁为媒介传递压缩机的振动声。对于该故障，可移动电冰箱的安装位置，电冰箱应离开墙壁100mm以上，如图4-11所示。

图 4-10　调整电冰箱地脚螺栓

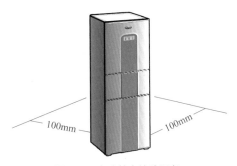

图 4-11　电冰箱离墙壁距离

5.电冰箱发出"嗞嗞"的响声

引起该故障应检查以下原因：电冰箱在运行时的冷凝管、箱体、铜管相碰而发出"嗞嗞"的响声。对于该故障，需停机冷却后，将相碰处以竹片分开（见图4-12），要错开焊口（不能用力过大，分开间距一般在5mm左右，间距过小会产生共鸣声）。

在铜管相碰处插入竹片，分开铜管

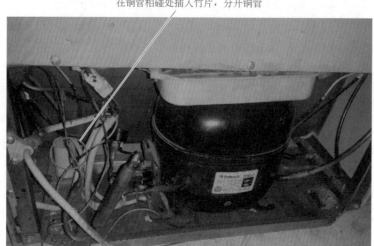

图 4-12   用竹片错开相碰处

6. 电冰箱发出"咣、咣、咣"的响声

引起该故障应检查以下原因：电冰箱在运行中由于压缩机壳体内的部件损坏，或压缩机内部减振弹簧（见图 4-13）或垫圈断裂、脱位，撞击碰壳。对于该故障，需更换损坏元件，更换或调整弹簧、减振垫圈即可。一般情况下，由于破拆压缩机较为复杂，直接更换压缩机更方便快捷。

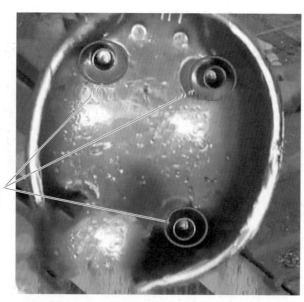

压缩机内部的减振弹簧，用
来释放压缩机工作时的共振

图 4-13   压缩机内部减振弹簧

7. 电冰箱发出"咝、咝"的响声

该故障大多出现在外置冷凝器的电冰箱中，用手指背触摸冷凝器感觉振动异常，自上而下从左至右依次触摸冷凝器的冷却管各个部位，若摸到某处"咝、咝"声立即消失，则为冷却管与平板散热片连接处脱落松动（见图 4-14），且间隙极小，肉眼难以发现。停机后，用砂纸打磨干净后，再用无水酒精清洗连接处直至彻底干净，随后用洁净的竹片将 502 胶水均匀涂在连接面，粘接牢固，利用冷凝器自身发热烘干即可。

冷却管与平板散热片连接处脱落松动

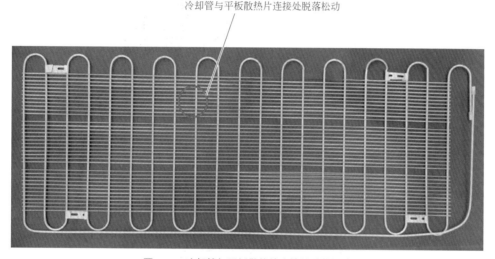

图 4-14　冷却管与平板散热片连接处脱落松动

8. 电冰箱发出沉重的"嗡、嗡、嗡"电磁声

引起该故障的原因通常为压缩机负荷过重所致，可通过测量压缩机工作电流（见图 4-15）和装设压力表，检查压缩机负荷是否过重，若负荷过重，要减少冷藏、冷冻食品，减少开门次数，缩短开门时间，排除障碍物，加强通风，降低环境温度；把温度控制器调在 4 挡，通过上述处理后，即可排除故障。

9. 电冰箱发出"叮当""叮当"的响声

引起该故障应检查以下原因：固定压缩机的地脚螺栓（见图 4-16）部分松动，导致螺栓与压缩机固定板撞击摩擦发出"叮当、叮当"的金属声。对于该故障，则用扳手将松动的螺栓分别拧紧，补齐弹簧垫圈或平垫圈，防止螺栓因受振动再次松动。

当压缩机产生"液击"故障时，也会发出"叮当、叮当"的金属声。此时压缩机的工作电流会大大超过额定值，长时间液击会损坏电冰箱压缩机。

动画扫一扫

压缩机产生
液击

图 4-15　测量压缩机工作电流

固定压缩机的地脚螺栓

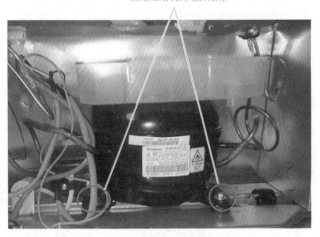

图 4-16　固定压缩机的四颗地脚螺栓

十一、电冰箱漏电维修方法

检测压缩机
绕组绝缘电阻

电冰箱因漏电部位不同，其检修的方法也不一样，以下分别进行介绍。

1. 压缩机漏电的检修方法

压缩机漏电的故障一般是由于电冰箱工作时间较长，使得电动机绕组绝缘层老化脱落，而造成漏电。检修时，可用 500V/500MΩ 绝缘电阻表测量绕组与机壳之间的阻值，正常值应高于 2MΩ。若有较小的阻值或为 0Ω，通常是由于绕组引线绝缘层破损使铜线裸露所致。打开机壳进行检查，若是铜线裸露出现上述故障，可用聚酯薄膜将破损处包扎，以免与机壳直接摩擦。对漆包线的绝缘层脱落故障，应将绕组重新浸漆烘干或直接更换压缩机。

2. 温控器漏电的检修方法

温控器漏电的故障表现为当人体接触箱体时有麻电感，但压缩机运行及制冷均正常，测电冰箱与"地"之间的电压差较高（大于 36V 甚至接近市电压），如果用 500V 绝缘电阻表分别测压缩机绕组和电动机控制线路、电冰箱照明线路之间绝缘电阻均大于 2MΩ，则说明温控器漏电。

 提示

大部分电冰箱的温控器都安装在箱体内壁上，箱内温度变化会使温控器周围结露。当冷凝水流入温控器时，温控器触点与箱体之间电阻值下降，也会造成箱体漏电故障。

3. 防潮导线漏电的检修方法

防潮导线漏电故障表现为接通电源后，启动过载保护继电器频繁通断，压缩机不能正常运转，保护继电器反复启停，箱体带电，用手接触时有麻电感。其电源电压、温度控制电路和照明电路无明显异常现象，则说明为防潮导线老化或绝缘层破损漏电。

检修防潮导线漏电故障时，应先断开导线所接电路，如测量导线两芯线之间的阻值在 1MΩ 以下（正常值应为 5MΩ 以上或无穷大），说明其绝缘性已降低。用绝缘套管将防潮导线套好，或更换防水线即可排除故障。

4. 接插件松动，造成接地不良而漏电的检修方法

故障表现为箱体有麻电感，但用绝缘电阻表测量压缩机绕组与机壳之间绝缘电阻大于 2MΩ，检查电路与箱体之间的绝缘电阻正常，可重点检查电源插座中的接地插脚是否接触良好。

第二节　维修技能

一、判别压缩机启动绕组与运行绕组的技巧

　　压缩机的启动绕组与运行绕组采用不同的字母来标注，通常 S（START 的第一个字母，意为启动）表示启动绕组一端、C（COM 的第一个字母，意为公共）表示启动和运行绕组的公共端、R（RUN 的第一个字母，意为运行）表示运行绕组的一端，SC 就是启动绕组，也就是副绕组，RC 就是运行绕组，也就是主绕组。不过，不同压缩机生产厂家，压缩机接线柱的标注方法也不尽相同，特别是各国生产的旧式压缩机，其标注方法没有完全统一，图 4-17 所示为不同厂家旧式压缩机接线柱的不同标注方法。

日立压缩机　　　　三洋压缩机　　　　国产压缩机
SC为启动绕组　　　SC为启动绕组　　　3、2为启动绕组
MC为运行绕组　　　RC为运行绕组　　　1、2为运行绕组

图 4-17　不同厂家旧式压缩机接线柱的不同标注方法

　　不过新型定频压缩机基本上统一为三洋压缩机接线柱的标注方法，新型变频压缩机统一为 UVW 的标注方法，如图 4-18 所示。

图 4-18　新型压缩机接线柱的标注方法

二、更换电冰箱压缩机技巧

　　更换电冰箱的压缩机是一项比较复杂的操作，定频电冰箱更换压缩机相对简单一些，变频电冰箱更换压缩机则更复杂些，压缩机与变频板必须要一一对应，若不对应，则还需要同时更换变频板。不过，不管是定频电冰箱还是变频电冰箱，其更换步骤大同小异，以下介绍更换压缩机的具体操作步骤。

　　① 用泄放钳夹在压缩机上的维修工艺管上，通过泄放管泄放电冰箱管道内的制冷剂到室外或收集到制冷剂容器。

② 将待更换的新压缩机工艺盲管、排气管和吸气管的橡胶封口拆除（有的是银铜焊封口的，可切断端部）泄放内部的氮气，并清除三个管口的锈层，在工艺盲管上焊接上修理阀（又称快速接头、截止阀、针阀等，如图 4-19 所示）。

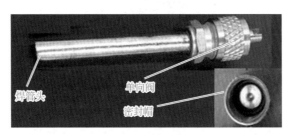

图 4-19　工艺管截止阀

③ 用乙炔焊枪割开旧压缩机的高压排气管和低压吸气管的焊接点，再旋松压缩机的四个基脚固定螺钉，取出螺钉和防振垫，同时，焊下旧的干燥过滤器，拆出压缩机。

④ 将新压缩机固定在底座上，注意加防振垫（旧防振垫若有老化变形，则需要更换新的防振垫，若新压缩机的固定脚与原压缩机不对应，还需要对压缩机固定脚进行必要的更改）。清理新压缩机高压管出口和低压管出口的待焊端，用乙炔焊枪熔化银焊或铜焊将高压管与冷凝器、低压管与回气管焊接好。同时，换上新的带工艺管的干燥过滤器，在过滤器工艺管上焊上修理阀，并在新压缩机的工艺管上也焊上修理阀。

⑤ 从压缩机工艺管截止阀中充入一定压力的干燥氮气或制冷剂，充入压力保持在 0.6 ～ 0.8MPa 之间，同时，用肥皂水擦涂焊接点进行检漏。保压 2h 后，压力不降低，则可进行干燥和抽真空处理。

⑥ 在干燥过滤器的工艺管截止阀上接上真空泵，抽真空 20min 左右，使真空度达到规定负值→用电子秤称量额定制冷剂量→从压缩机工艺管截止阀上加注制冷剂到额定值→插电运行→制冷正常后夹封两个工艺管口→封口处用肥皂水检漏→煲机运行 2h →检测电冰箱的工作性能→完全正常后即可。

 提示

拆卸压缩机一定要将压缩机的三个管口严密地包扎好，避免进入杂质或水分。

三、判断电冰箱噪声故障实用技巧

电冰箱的运行噪声越小越好，按技术指标规定应小于 46dB。判断电冰箱噪声故障的具体方法如图 4-20 所示，用专用的分贝测量仪来检测，并在专用噪声测试室（噪声在 3dB 以下）进行测试。在以压缩机为中心，直径 1m 的半圆上测 10 个点的噪声值，计算后取平均值，通常不超过 38dB 为宜。如在安静环境中，距箱体 2m 远处若几乎听不到压缩机运转声，则为合适。

图 4-20　电冰箱噪声检测示意图

> 💡 提示
>
> 　　电冰箱在初次使用或启动时，由于电冰箱的运行状态没有稳定，会发出较大的声音（运行稳定后，声音就会减小）；压缩机工作时发出的声音（用手摸箱体几乎感觉不到，只有摸到压缩机本体或冷凝散热片时，才会有较明显的感觉），以及开、停机时压缩机发出的"嗒嗒"声；液体制冷剂在蒸发器内流动时，会发出类似流水的声音（这种声音通常发生在蒸发器和压缩机两部分）；当电冰箱停止工作时，液态工质回流，也会连续或间断地发出像流水一样"哗哗"声；在除霜循环时，滴落到加热丝上的水会发出"咝咝"声或"嗤嗤"声，及除霜结束后，出现一种较轻微的爆裂声，同时蒸发器会产生沸腾声或"汩汩"声；电冰箱在工作时，由于风扇在工作而产生的轻微吹风声；电冰箱在工作时，由于温度的变化，蒸发器和管路会由于热胀冷缩发出"啪啪"的声音，以上噪声均属于正常现象。

四、检测电冰箱漏电故障实用技巧

　　电冰箱漏电一般分为电冰箱自身产生的感应漏电与箱体内某些元器件老化损坏而引起的电冰箱外壳带电两种类型，其具体检测技巧如下。

1. 感应漏电

　　此类漏电通常由于受潮使电气绝缘能力降低导致轻微漏电，不会涉及触电事故，当手触摸电冰箱外壳及拉动箱门时有发麻的感觉（环境湿度高时麻电感更严重）。先确认接地良好，再用试电笔去碰触时，电笔氖管内有微红光束出现，应立即停机用万用表检查线路电气绝缘性能，并更换受损配件。也可用感应式试电笔直接检测外壳感应电，若有电压，则说明有轻微漏电，若没有感应电，则说明不存在漏电故障，如图 4-21 所示。

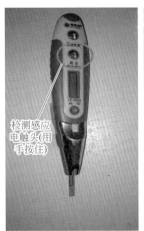

图 4-21　检测电冰箱是否存在感应漏电

　　产生感应漏电的故障原因主要是箱体内分布的照明电路及压缩机引出线等导体与电冰箱箱体之间产生一定的分布电容。特别是旧电冰箱和冷藏柜，电源引线老化，接地线接头螺钉锈蚀，压缩机内电动机受潮均会使电冰箱整机绝缘性能下降，产生感应漏电的可能性更大。此时，可通过重接接地保护线，与电冰箱的三孔插座相连等办法来排除。

2. 元器件损坏漏电

　　由于电气故障或用户自己安装插头接线错误而使电冰箱外壳带电，这种情况十分危险。手不可触摸箱体和门拉手，也不可接触金属部位，用试电笔测试有强光，用万用表检查插头与箱体间电阻为 0Ω，严重时，导致熔丝烧断。元器件或绝缘层损坏漏电分为电气元件损坏漏电（大多属于连接电器的导线因摩擦或碰坏及受压缩机内部冷冻液和制冷剂的浸蚀，导致绝缘性能下降碰触箱体而漏电，压缩机接线柱绝缘层老化也容易造成漏电故障，如图 4-22 所示）和电路元件损坏漏电（大多属于电路元件老化、绝缘性能下降而引起的漏电）。

图 4-22　压缩机接线柱绝缘层老化造成漏电

五、检测电冰箱不启动故障技巧

电冰箱不启动，通常为压缩机不运转，压缩机不运转故障原因主要出现在电源供电与压缩机上。电冰箱压缩机不运转表现为两种情况。

1. 压缩机不运转，能听到"嗡嗡"声

通常引起此类故障的原因有：电源电压太低；电源插头、插座、电源线接触不良或内部断线；温控器触头接触不良；启动继电器触头未闭合或接触不良；启动绕组断路；电容器断路或短路；过载保护器触头接触不良；压缩机负荷太重或制冷剂过量，使排气压力过高，压缩机磨损或润滑不良。

> 💡 提示
>
> 当电源电压、启动器正常时，压缩机电动机不转动，这种故障是压缩机被"卡死"，其故障多发生在主轴、活塞、气缸和连杆等部位。其原因主要是压缩机油路被脏物堵塞，使供油系统不通畅，机件受到磨损而"卡死"。脏物粘在活塞上（漆包线上的漆被磨蚀脱落，粘在气缸、活塞上）或转轴与轴套磨损造成间隙过大，在通电后转子被电磁力吸到一边而偏芯，也是压缩机电动机在通电后不能运转的另一种原因。

2. 压缩机不运转，无"嗡嗡"声

通常引起此类故障的原因有：电源线、插头、熔断器等线路中断或接头处松脱；电冰箱内线路接错；启动电容失效；压缩机绕组短路或断路；启动继电器电流线圈烧断；温控器触头未闭合；过载保护器触头未闭合或加热电阻丝烧断。

六、检测电冰箱制冷效果不佳故障的技巧

电冰箱制冷效果不佳的故障原因复杂，检修起来比较麻烦。实际检修时，首先检查用户操作是否不当；若用户操作正常，则检查环境温度是否过高（环境温度高于43℃，制冷效果差属于正常现象）；若环境温度正常，则检查箱内食品是否太多或放入过热的食品；若箱内食品无异常，则检查打开箱门的次数是否过多；若打开箱门的次数正常，则检查箱门是否关闭不严（如磁性条失去磁性、老化变形及箱门翘曲变形等）；若箱门关闭良好，则需检查制冷剂或压缩机是否异常，其步骤如下。

① 观察外露制冷管路的焊接口是否有油污，若有，则说明该部位可能存在外漏。此时，可切开压缩机工艺管，灌入适量的制冷剂，再次启动运转；若运转正常，制冷效果变好，则判断为制冷剂部分泄漏所致。

② 若外露制冷管路的焊接口没有油污，则再停机并使箱内温度接近室温的状态下，检查是否存在冰堵或脏堵现象。若开机时制冷正常，蒸发器结霜良好，在电冰箱上能听到气流声和水流声，但一段时间后制冷效果变差，只能听到轻微的气流声

和水流声，则说明为部分冰堵；若开机时制冷效果差，用耳朵贴近电冰箱上部听不到气流声和水流声，则说明为电冰箱存在脏堵或压缩机内部有故障，需进行下一步检查。

③ 此时，切开工艺管，接上修理表阀，放掉制冷剂，吹氮、抽真空后，注入额定的制冷剂，启动压缩机。若压力表显示压力值在正常值（0.6～0.8MPa）以下，则说明为管路部分存在泄漏；若压力表的指示值在正常值以上，则说明管路系统还存在堵塞，需要重新处理制冷系统，直到压力值正常为止。

> 💡 提示
>
> 若是冷藏室的机型，还要观察冷藏室上门框是否有锈蚀，若有，则还要检查防露管有无泄漏。

七、电冰箱冰堵故障排除技巧

电冰箱冰堵的故障表现为压缩机排气阻力增大，导致压缩机过热，运转电流增大，热保护器启控，压缩机停止运转，约半小时后冰堵部分冰块融化，压缩机温度降低，温控器及热保护器触点闭合，压缩机启动制冷。所以，冰堵和脏堵具有明显的区别，冰堵具有周期性，蒸发器可见到周期性结霜和化霜现象。

引起冰堵的原因：冰堵是制冷系统进入水分所致。因制冷剂本身含有一定的水分，加之维修或加制冷剂过程中抽真空工艺要求不严，使水分、空气进入系统内。在压缩机的高温高压作用下，制冷剂由液态变为气态，这样水分便随制冷剂循环进入又细又长的毛细管。当每千克制冷剂含水量超过 20mg 时，过滤器水分饱和，不能将水分滤掉，当毛细管出口处温度达到 0℃时，其水分从制冷剂中分解出来，结成冰，形成冰堵。

电冰箱毛细管出口端出现冰堵故障时，具体排除方法如下。

1. 泄放制冷剂除水法

对于严重冰堵的电冰箱，开机运行，在冰堵尚未出现之前，用锋利的剪刀将连接干燥过滤器端的毛细管剪一道浅痕，然后将其折断，借压力迅速放出制冷剂。这时大量的水分便随制冷剂一起排出机外。更换毛细管和干燥过滤器，先用氮气吹管路系统，再抽真空，加注制冷剂。注意在未放制冷剂之前，切勿使用焊枪将管路焊开，焊枪的高温会引起制冷剂爆炸。

2. 加温排水法

割断工艺管，将制冷剂放出后，在工艺管上焊接维修阀。加热压缩机，再依次加热冷凝器、干燥过滤器、蒸发器、吸气管、压缩机，然后对制冷系统抽真空 2～3h，边加热边抽真空，特别是压缩机底部要多加热，以便将压缩机里面冷冻油中的水分排出，抽真空后，再加注额定制冷剂，钳封工艺管口，试机即可。

3. 干燥过滤器排水法

切断压缩机工艺管，放掉制冷剂，在干燥过滤器接毛细管端钻一个直径约 1mm 的小孔（新型电冰箱采用带工艺管的干燥过滤器的，则直接切断过滤器上的工艺管），再在压缩机工艺管上焊上阀门，阀门外接一个新的干燥过滤器。开启压缩机，并加热干燥过滤器。这样，制冷管路中的水分将不断地在压缩机的压力下从小孔或过滤器工艺管排出，压缩机工艺管处则不断地送入经过干燥过滤器干燥的新鲜空气。然后关闭压缩机工艺管阀门，让压缩机自身抽真空，同时加热各处管路，让管路中的水分充分排出。在空气排出之后补上 1mm 的小孔或钳封过滤器工艺管，用真空泵抽真空 2h，加入额定量制冷剂，封住压缩机工艺管口后，试机即可。

> 💡 提示
>
> 新型双工艺管电冰箱最简单的防冰堵技巧是：切断工艺管放掉制冷剂后，在两个工艺管上均接上修理阀（过滤器工艺管处为管路高压点，高压点适合排气，压缩机工艺管处为管路低压点，低压点适合吸气）。开启压缩机，打开过滤器上的工艺管阀，在压缩机工艺管上用氮气吹管路系统。关闭过滤器上的工艺管阀，用真空泵从压缩机工艺管阀处抽真空（为便于观察，用透明管连接），抽真空的同时加热管路系统，特别要加热压缩机、干燥过滤器和毛细管，抽真空 2 ～ 3h，直到透明管里面看不到任何水珠，关闭压缩机工艺管阀。从压缩机工艺管阀处接制冷剂瓶，边加边称量，加入额定量的制冷剂，试机运行，直到故障消失，夹封工艺管，如图 4-23 所示。

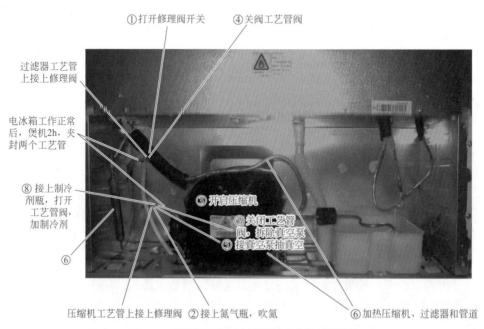

图 4-23 新型双工艺管电冰箱最简单的防冰堵技巧

八、电冰箱油堵故障排除技巧

电冰箱油堵的故障表现为电冰箱开机后不能制冷或制冷效果差，蒸发器不结霜，手摸冷凝器会有温热感但温度不高，冷藏温度或冷冻温度下降慢，整机电流比额定电流略有增加。

引起油堵的原因：油堵是由于电冰箱在搬运过程中过度倾斜（超过45°），使压缩机内的冷冻油流入吸气管（冷冻油本身就是从吸气管或排气管加入的，当电冰箱过度倾斜甚至倒置时，压缩机内的冷冻油就会流入吸气管，普通电冰箱冷冻油与压缩机内部结构如图4-24所示）。当开启压缩机制冷时，流入吸气管中的冷冻油就会被吸入压缩机的气缸内，由于压缩机气缸内的压缩比是按气体体积设定的，冷冻油属于液体，压缩比比气体小得多，所以会大大增加压缩机的负荷。更重要的是当冷冻油通过压缩机压缩后，随制冷剂从高压管输出，进入冷凝器，再通过干燥过滤器进入细长的毛细管，会严重堵塞毛细管，形成油堵。

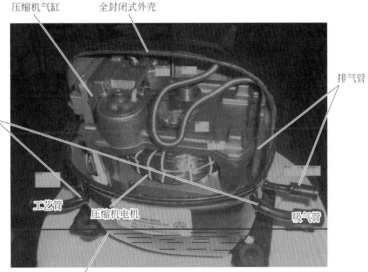

图 4-24　普通电冰箱冷冻油与压缩机内部结构

> 💡 提示
>
> 　　不同种类的压缩机，其更换冷冻油的方法不尽相同，放出压缩机冷冻油的方法基本相同：将压缩机排气管、回气管和工艺管的管口全部切开，将压缩机倒立，冷冻油即会从三个管口中任意管口流出。加注冷冻油的方法因压缩机类别不同而不同：①往复式全封闭压缩机机壳内冷冻油与低压吸气侧是相通的，注油时可将压缩机吸气管直接吸入冷冻油；②旋转式全封闭压缩机机壳内冷冻油与高压排气侧是相通的，注油时可从压缩机排气管直接倒入冷冻油；③大型电冰柜使用的

半封闭式压缩机或开放式压缩机均设有专门的注油口，只要从专门的注油口注入冷冻油即可。切记在加注新的冷冻油之前应采用高压氮气吹净压缩机内部的旧冷冻油残余，不同类型的压缩机所加注的冷冻油也不尽相同，应加注与原冷冻油相同型号的冷冻油。

　　检修电冰箱油堵故障的技巧是：切开压缩机工艺管，放掉制冷剂，在压缩机工艺管上接好修理表阀，焊下干燥过滤器毛细管端。在压缩机工艺管表阀上接高压氮气，用大拇指堵住干燥过滤器毛细管管口，当充入0.6MPa左右的氮气时，干燥过滤器所接的毛细管将有气流流出，进入毛细管中的冷冻油随后能流出；再将堵在冷凝器毛细管口的大拇指间断放开4～5次，每次放开10s左右，让氮气气流冲洗冷凝器管道中的冷冻油。可重复上述吹氮过程，待油堵完全排除后，焊下旧干燥过滤器，换入新的干燥过滤器，在压缩机工艺表阀上接上真空泵抽真空到-0.1MPa，关闭表阀，拆除真空泵，再接上制冷剂瓶，开启压缩机，加注制冷剂到额定重量，边加边称重量。加注完毕，关闭表阀试机运行，用压力表检查系统压力是否正常，检测2h后，检测温度和压力均正常，说明系统正常，夹封工艺管，切断表阀修理头即可。

九、电冰箱脏堵故障排除技巧

　　在电冰箱使用的过程中，常出现不制冷或制冷不良的现象，有可能是脏堵引起的。电冰箱脏堵部位大多发生在干燥过滤器或毛细管，也可能发生在冷凝器或蒸发器。根据脏堵程度不同，可分成半堵或全堵两种情况。

1. 半堵的检修技巧

　　半堵是由于少量脏物沾附在干燥过滤器的过滤网上或毛细管进口附近的管壁而形成的。半堵形成后，毛细管的阻力增加，进一步对制冷剂进行节流，使系统内制冷剂循环量比正常时减少，流入蒸发器的制冷剂也相应减少，相当于制冷剂不足，从而出现蒸发器结霜不满、制冷不良的故障现象。

　　半堵故障与制冷剂不足的故障特别类似，但有一个明显的区别，制冷剂不足时，压缩机的负荷较轻，工作电流也较正常小；出现半堵故障时，压缩机负荷较重，工作电流较正常要大。也就是说会出现冷凝器温度偏高，压缩机发烫的现象。

　　排除半堵故障时，切开压缩机工艺管，切断毛细管，在工艺管上接上修理表阀，并从修理表阀上充入氮气。氮气经蒸发器后（电冰箱工艺管与吸气管是相通的）从毛细管切口处排出，同时开启一下压缩机，让氮气进入高压管路进行充氮，反复充氮，直到排气量正常为止。最好是同时更换干燥过滤器和外露部分的毛细管，在工艺管处接上真空泵，抽真空到-0.1MPa负压值，关闭表阀，拆下真空泵，再在表阀上接上制冷剂瓶，加注额定的制冷剂，试机正常后，夹封工艺管，拆下修理表阀。相关操作如图4-25所示。

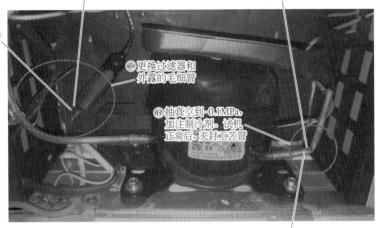

④毛细管两个切口处均有高压氮气吹出　　③在修理表阀上接上高压氮气瓶，充氮，同时开启压缩机。反复充氮数次

②切断毛细管

⑤更换过滤器和外露的毛细管

⑥抽真空到-0.1MPa，加注制冷剂，试机正常后，夹封工艺管

①切断工艺管，焊上修理表阀

图 4-25　排除半堵故障操作技巧

2.全堵故障检修技巧

电冰箱出现全堵故障时，蒸发器不冷，压缩机发烫，工作电流偏大。也是按照检修半堵故障的方法进行充氮，找出堵塞点是在高压部分还是低压部分。

① 切断过滤器处的毛细管，将氮气从压缩机的工艺管表阀上充入，正常时的压缩机，毛细管处会有气体排出；若没有气体排出，则说明堵塞处在低压部分。

② 再开启一下压缩机，氮气会经压缩机送到冷凝器和干燥过滤器，并经干燥过滤器排出。若干燥过滤器无气体排出，则说明脏堵在高压部分。相关操作如图 4-26 所示。

将氮气从压缩机的工艺管表阀上充入　　检查切断处两个切口有没有气体排出

启动压缩机　　切断过滤器处的毛细管

图 4-26　全堵故障检修操作

③ 找到堵塞的部位后，若用充氮不能清除，则直接更换相应的堵塞管道，堵塞清除后，更换干燥过滤器，抽真空，充注制冷剂，试机正常后，夹封工艺管。

> 💡 提示
>
> 更换电冰箱管路系统时，要注意快拆快装，焊接时（特别是铁管）要加助焊剂，助焊剂宜少不宜多，多了容易虚焊，维修制冷管道务必要更换过滤器。

第五章

电冰箱的故障维修案例

◀◀◀▼

第一节　LG 电冰箱的故障维修

一、LG BCD236NDQ 三门变频电冰箱，不制冷

　　维修过程：电冰箱不制冷的原因有很多种，如电路系统、显示系统、温控器、压缩机、制冷剂不足、电磁阀等。首先检查电源连接是否正常，可打开箱门，观察箱内照明灯是否点亮；若电源连接正常，则检查压缩机是否工作；若压缩机能工作，则检查制冷系统有无制冷剂（让电冰箱运行几分钟后，切掉电源，细听铜管内有无液体流动的声音，若没有声响，说明系统内的制冷剂已用完或泄漏）；若切掉电源后，能听到铜管内有液体流动声，则检查电磁阀是否动作；若电磁阀正常，则检查电脑板（图 5-1）是否有问题。

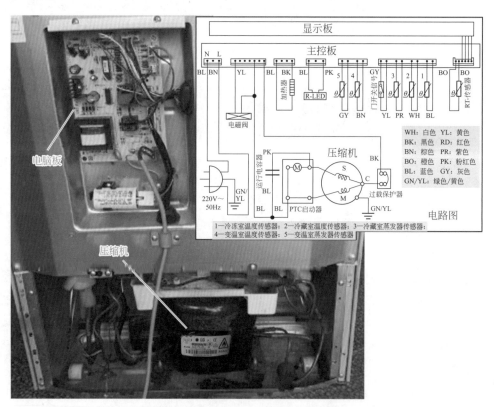

图 5-1　电路接线、电脑板等相关部位实物

　　故障处理：本例查为防露管漏液，压缩机虽然在运转，但系统中无制冷剂蒸发吸热，故电冰箱内温度不下降，从而造成电冰箱不制冷。在电冰箱修理中经常遇到门防露管泄漏而不制冷，修理方法都是直接外挂冷凝器，还有的是把

防露管识别出来后直接将其废掉，把左右冷凝器串联起来使用，不采用外挂冷凝器。

💡 提示

① 防露管俗称门管，安装在电冰箱门边缘，是一种以热的制冷剂流体为发热源加热电冰箱箱体门框四周的装置，它利用电冰箱制冷系统的部分冷凝热量来加热电冰箱箱体门框四周，起到防露作用；另外防露管又能起到一部分冷凝器的作用，故可减少主冷凝器使用的材料，降低电冰箱的材料成本。在压缩机窗处，一般靠近最里面角落伸出的管子是防露管，它与冷凝器相连。

② 维修三温室电冰箱，要弄懂电磁阀，比普通电冰箱麻烦点，当出现冷藏室制冷正常、冷冻室不正常时，一般来说无非就是冷冻室堵，冷冻室感应器坏，电脑板坏、电磁阀无动作。

二、LG GR-S24NCKE 型三门电冰箱压缩机不转，但面板显示屏亮

维修过程：由于该机显示屏亮，说明电冰箱电源供电正常，而引起压缩机不能正常工作的部位有：压缩机及其启动器异常、过载保护器异常、制冷系统管路内制冷剂严重泄漏、主控制板异常（如微处理器 IC1、驱动块 IC6、继电器 RY1/RY2 等元件有问题）等。

首先开机观察继电器 RY1、RY2 是否吸合，若 RY1 触点不能吸合，则检测微处理器 IC1（TMP87P-809NG）㉑脚是否输出高电平；若㉑脚电压失常，则检查 IC1；若 IC1㉑脚电压正常，则检测反相驱动器 IC6（ULN2003）⑫脚是否为低电平；若⑫脚电压失常，则检查 IC6 及外围元件；若 IC6⑫脚电压正常，则检查继电器 RY1 及其外围线路（图 5-2）是否有问题。

若继电器 RY1、RY2 已吸合，则检查过载保护器是否损坏或接触不良、PTC 启动器是否开路损坏、启动电容是否开路或失效；若以上检查均正常，则检查压缩机启动绕组 C-S 或运行绕组 C-M 是否开路、引线是否断脱等。

故障处理：本例查为 RY1 外围保护管 D12 击穿漏电，更换 D12 后故障排除。

💡 提示

该机压缩机控制电路由压缩机、驱动块 IC6、继电器 RY1／RY2、微处理器 IC1、启动电容、PTC 启动器、过载保护器、运行电容等构成。压缩机运行由 IC1㉑、㉒脚输出电平控制，当㉒脚输出的高电平加到 IC6 ④脚，经其内部的非门倒相放大后，使⑬脚为低电平，为 RY2 的线圈供电后触点闭合，通过运行电容为 S 端子供电，为压缩机的运行端子 M 供电；同时㉑脚输出高电平加到 IC6 的⑤脚，经其内部的非门倒相放大后，使⑫脚为低电平，为 RY1 的线圈供电后触点闭合，通过启动电容和 PTC 启动器为压缩机的启动端子 S 供电，压缩机启动。

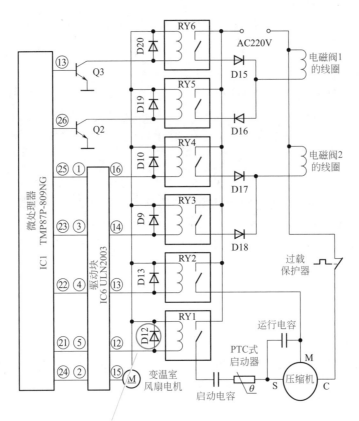

保护管D12击穿漏电

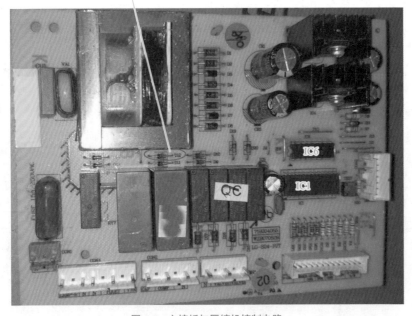

图 5-2　主控板与压缩机控制电路

三、LG GR-S24NCKE 型三门电冰箱冷冻室已达到设定的温度，但压缩机仍转动不停

　　维修过程：引起此故障的原因有冷冻室温度调节不当、压缩机供电电路异常、温度取样电路工作异常、微处理器 IC1 及其外围元件有问题等。

　　检修时，首先检测微处理器 IC1 ④脚输入电压是否正常；若④脚电压正常，则检查继电器 RY2 是否有问题；若 RY2 的线圈供电正常，则检测驱动块 IC6 ④脚是否为高电平；若 IC6 ④脚电压失常，则检查 IC6；若 IC6 ④脚电压正常，则检查微处理器 IC1。

　　若检测 IC1 ④脚电压失常，则检查温度取样电路（图 5-3）是否有问题，如查冷冻室温度传感器 F-SENSOR（RT1）是否损坏或性能变差、RF1、RT1、R14 是否脱焊开路、CC9 是否击穿漏电；若以上检查均正常，则检查微处理器 IC1。

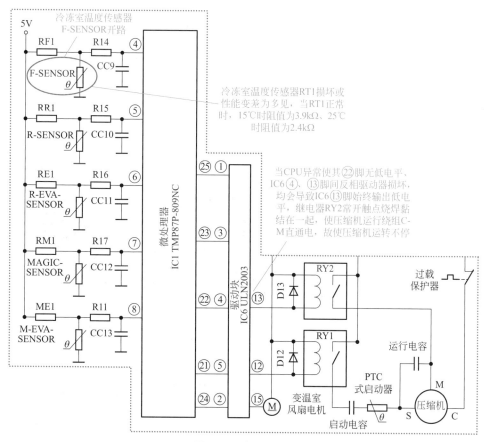

图 5-3　温度取样电路

　　故障处理：本例查为冷冻室温度传感器 F-SENSOR 开路，不能提供正常的温度

检测信号给 IC1 的④脚，从而导致此故障。更换冷冻室温度传感器后故障排除。

> 💡 提示
>
> 　　冷冻室温度取样控制电路是由冷冻室温度传感器 F-SENSOR（RT1）、分压电阻 RF 1、限流电阻 R14 以及抗高频噪扰滤波电容 CC9 组成。

四、LG GR-S24NCKE 型三门电冰箱，整机不工作

　　维修过程：出现此故障时，首先打开电冰箱门观察照明灯是否点亮；若照明灯不亮，则检查电源插头接触是否良好、电源引线是否断脱、熔丝 FUSE 是否熔断等；若电冰箱内照明灯亮，则检查电脑板上 CPU 的三个基本条件是否具备，此时测 CPU（IC1）供电端㉘脚是否有 5V 电压；若㉘脚电压为 0V 或偏差过大，则检查低压供电电路中稳压器 IC4、IC2 及其外围元件（图 5-4）。

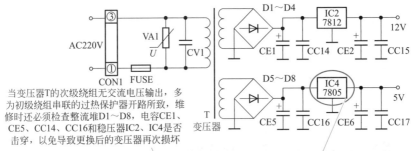

当变压器T的次级绕组无交流电压输出，多为初级绕组串联的过热保护器开路所致，维修时还必须检查整流堆D1～D8，电容CE1、CE5、CC14、CC16和稳压器IC2、IC4是否击穿，以免导致更换后的变压器再次损坏

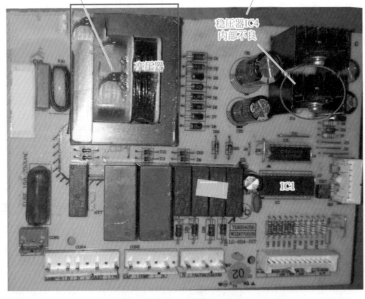

图 5-4　主控板与低压供电电路

　　测稳压器 IC4（7805）是否有 5V 电压输出，若 IC4 无 5V 电压输出，则测稳压器 IC2（7812）是否有 12V 电压输出，若 IC2 有 12V 电压，则检查 IC4 及其负载是否有问题；若 IC2 无 12V 电压输出，则检查电源变压器 T 供电是否正常；若电源变压器 T 无供电电压，则检查供电线路中 CV1、VA1 等元件是否有问题；若变压器 T 供电电压正常，则检查变压器 T、D1～D4、CE1、CE2、CC14、CC15 及 IC2 等元件是否有问题。

　　测稳压器 IC4（7805）有 5V 电压输出，则检测 IC1 ㉗脚的复位信号是否正常；㉗脚电压失常，则检查 CC5、R1、IC5（KIA7042P）；若㉗脚电压正常，则检查 IC1 ①、②脚内部电路与外接石英晶体 XT、稳频电阻 R5 组成时钟电路是否有问题；若以上检查均正常，则检查微处理器 IC1 本身是否有问题。

　　故障处理：本例查为稳压器 IC4 内部不良所致，更换 IC4 后故障排除。

💡 提示

　　5V 供电经 CC3 和 CE4 滤波后，加到微处理器 IC1 的供电端㉘脚，为 IC1 供电；通电后 220V 市电电压经连接器 CON1 进入电脑板，经 CV1 滤除市电电网中的高频干扰脉冲，再通过电源变压器 T 降压，次级输出 AC15V、AC9V 电压；AC9V 经 D5～D8 整流，CE5、CC16 滤波，再经三端稳压器 IC4（7805）稳压输出 5V 电压，为主板微处理器和操作显示板等电路供电。

第二节　TCL 电冰箱的故障维修

一、TCL BCD-490WBEPF2 风冷十字对开门变频电冰箱，化霜异常

　　维修过程：解锁后，按住"功能"键不放，再按"温区"键和"+"键超过 5s，进入强制化霜状态，将加热器端子、化霜传感器端子拔下，用万用表测化霜传感器阻值是否正常；若化霜传感器阻值正常，则断开压缩机和风机，接通加热器，在化霜状态下测主控板上输出端电压是否正常（图 5-5），若输出端无电压输出，则说明问题出在主控板；若主控板上输出端有 187～242V 电压输出，则接好连线强制化霜，测加热丝两端电压是否正常；若加热丝两端电压正常，则检测化霜加热器阻值是否正常；若加热丝两端无电压，则检查其连线及接插件、连接点。

　　故障处理：本例查为化霜加热器异常而导致此故障，更换化霜加热器即可排除故障。

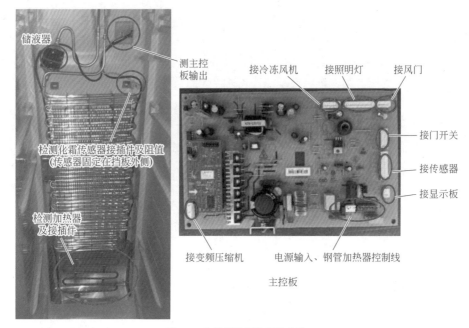

图 5-5　主控板及相关部位实物

💡 提示

　　检查加热管有无温度，如果自动除霜不行，则先手动对霜进行清除，清除时注意不要碰伤线路和管路；更换故障件后检测流程→进入强制化霜，显示板显示 T1 →检查加热管是否有温度，有温度说明其已工作→断电退出强制化霜模式→将机子盖板安装好即可。

二、TCL BCD-490WBEPFA1 风冷十字对开门变频电冰箱压缩机不工作

　　维修过程：出现此故障时，首先打开电冰箱检查冷藏室灯是否亮；若冷藏室灯未亮，则检查电源插头是否插上、电压是否正常；若冷藏室灯点亮，则调至强制开机模式，观察压缩机是否工作；若压缩机能工作，则检查主控板。

　　若调至强制开机模式，压缩机仍不能工作，则测温控器是否有问题；若温控器正常，则检测过载保护器是否正常（可测其是否导通）；若测过载保护器是导通的，说明过载保护器正常，此时将万用表置于欧姆挡测 PTC 启动器运行插孔与启动插孔两端的阻值是否正常，若阻值为 0 或无穷大，则表明 PTC 启动器已损坏。若以上检查均正常，则说明问题出在压缩机上，此时检查压缩机各连接点接触是否良好、压缩机绕组是否短路或断路、压缩机内部是否有故障。

　　故障处理：实际维修中因保护器与启动器有问题的较常见，更换启动器与保护器即可排除故障（图 5-6）。

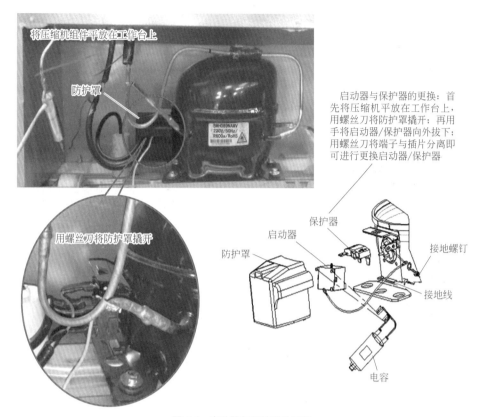

图 5-6　启动器与保护器的更换

💡 提示

　　若测试压缩机（BMH089NAMV/220V/50Hz/R600a/RoHS）附件均正常，而压缩机仍不工作，并且过载保护器动作（此时测量启动电流过大），则为压缩机内部故障（如压缩机卡缸或压缩机抱轴），应更换压缩机。

三、TCL BCD-518WEPF1 风冷对开门电脑温控电冰箱，不化霜

　　维修过程： 当化霜定时器损坏、化霜发热管损坏、化霜传感器损坏等均会引起不化霜。首先检查加热器端子是否良好、用万用表测量加热器阻值是否正常（正常值约为230Ω）；若加热器正常，则打开冷冻风道，检查化霜传感器是否插接到位，用手按住端子头卡扣，拔下化霜传感器端子，用万用表检测化霜传感器通断、化霜传感器阻值，如果显示断开或阻值异常则更换化霜传感器；若化霜传感器正常，则在化霜状态下测量主控板输出电压（187～242V）是否正常，主控板是否程序混乱。不化霜相关部件如图 5-7 所示。

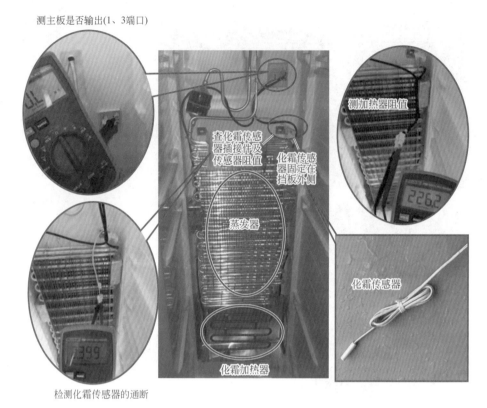

测主板是否输出(1、3端口)

测加热器阻值

查化霜传感器插接件及传感器阻值

化霜传感器固定在挡板外侧

蒸发器

化霜传感器

化霜加热器

检测化霜传感器的通断

图 5-7　不化霜相关部件

故障处理：本例查为化霜传感器损坏，更换化霜传感器即可排除故障。

💡 提示

①若是新电冰箱，可能是化霜温控安放的位置不太合适，从而造成不化霜；②解锁情况下，按住"调温"键不放，再按"功能"键超过 6s，进入维修程序，按"调温"键选择到数码区显示 Hd 选项，该选项对应的参数值为 0，再按一次功能键，参数值为 1，此时进入强制化霜，显示板显示 T1；③更换故障件后检测：进入强制化霜，显示板显示 T1，检查加热管有无温度，加热丝发热说明能正常工作，再断电退出强制化霜模式，安装好上下风道盖板，维修结束。

四、TCL BCD-518WEPF1 风冷对开门电脑温控电冰箱，风机异常

维修过程：出现此故障时，首先细听是否有风机运转声，能听到扇叶产生的气流声，说明风机工作正常；然后观察箱内制冷效果，可通过维修界面，打开压缩机、风扇及打开相应间室风门，用手感知是否有风吹入相应间室，若无风则判断风门异常，否则检查系统与传感器；再检查风机及其驱动电路是否有问题，测主控板上冷

冻风机插件端电压是否在 7 ～ 12V 之间，当电压正常说明风扇电机正常，则问题出在主控板检测电路。相关电气控制电路与主控板如图 5-8 所示。

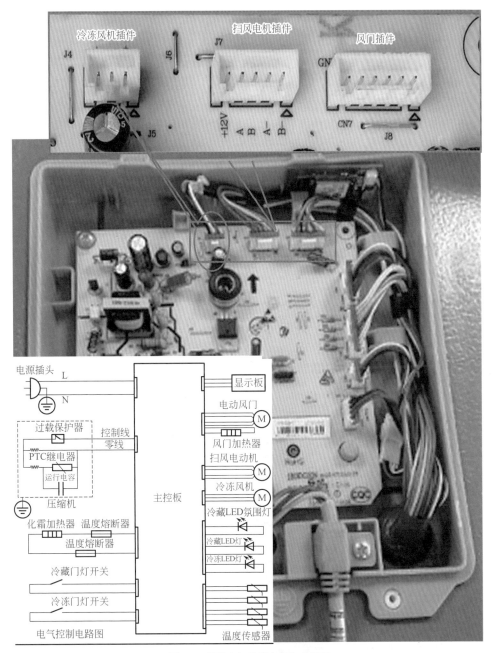

图 5-8 相关电气控制电路与主控板

故障处理：本例查为冷冻风机插接端子存在接触不良，重插或修复即可。

> 💡 提示
>
> 　　电冰箱自动控制参数有输入检测量和输出检测量，输入检测量是检测传感器温度值，输出检测量是检测风机和压缩机的工作状态；电冰箱自动控制电路根据输入与输出检测量的差进行对比，然后进行自动控制。

五、TCL BCD-518WEPF1 风冷对开门电脑温控电冰箱，冷藏室结冰

　　维修过程：当出现此故障时，首先检查门封条密封是否良好；若门封条完好，则检查冷藏传感器是否有问题（如主控板输出端到冷藏传感器之间是否存在断路或短路，如图 5-9 所示）；若冷藏传感器正常，则打开冷冻室门，一只手按住门灯开关，另一只手放在冷冻上风道盖板出风口，看冷冻室风机有无工作，若风机不工作，则检查风机安装是否正常、风机至主控板相关线路是否有问题；打开风道泡沫组件（图 5-10），检查风道接口密封性是否良好，不良时应对风道口海绵进行调整或更换；再检查电动风门是否正常工作，电动风门无法正常关闭或打开，则更换电动风门；若以上检查均正常，则问题出在主控板。

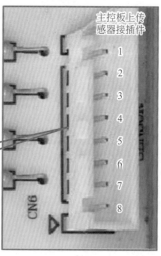

1、2：冷藏传感器
3、4：冷冻传感器
5、6：化霜传感器
7、8：环温传感器

主控板上传感器接插件

CN6

传感器的检测：用手按住端子头卡扣，拔下传感器线束端子；用万用表测相应故障传感器对应阻值，若测量结果显示接通但阻值有误，则更换相应传感器或组件

图 5-9　主控板上传感器接插件

风道盖板螺钉

拔下接插件

海绵正常无变形

拧下风道盖板螺钉，将风道盖板取出；然后拔掉风道盖板
接插件，再拔掉风道泡沫组件接插件；用手将风道泡沫组
件取下，检查风道接口密封性是否良好

图 5-10　风道泡沫组件

故障处理：本例查为冷藏传感器不良所致，更换冷藏传感器后故障排除。

💡 提示

①检查显示控制板是否有故障代码，用手按住两个按键（图 5-11），无故障显示数字，
有故障显示 C1（冷藏传感器异常），然后根据故障代码进行维修处理；②冷冻传感器和冷藏传
感器安装在风道内部，拆卸重换需要打开风道，会影响风道的密封性，故要更换时，建议直接
更换风道组件。

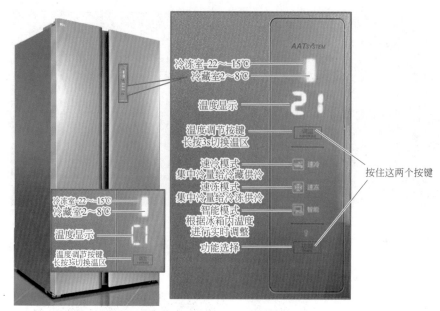

冷冻室−22～−15℃
冷藏室2～8℃
温度显示
温度调节按键
长按3s切换温区
速冷模式
集中冷量给冷藏供冷
速冻模式
集中冷量给冷冻供冷
智能模式
根据冰箱内温度
进行实时调整
功能选择

AATSYSTEM

按住这两个按键

冷冻室−22～−15℃
冷藏室2～8℃
温度显示
温度调节按键
长按3s切换温区

无故障显示数字，有故障显示C1(冷藏传感器异常)

图 5-11　用手按住按键

六、TCL BCD-518WEPF1 风冷对开门电脑温控电冰箱，门体高低不平

维修过程：①轻微的不平可以调整底脚；②高度差异较大的，可以在下铰链部位增加垫片；③可调铰链的，可以通过调整铰链将门体调平。调整门体高度如图 5-12 所示。

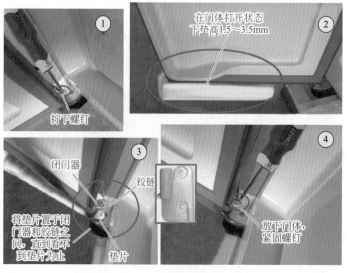

① 拧下螺钉

② 在门体打开状态下垫高1.5～3.5mm

③ 闭门器　铰链　将垫片置于闭门器和铰链之间，直到看不到垫片为止　垫片

④ 放下门体，紧固螺钉

图 5-12　调整门体高度

故障处理：调整维修。

> **💡 提示**
>
> 铰链盖及门体的拆卸：①用螺丝刀拧下铰链盖螺钉，拆卸铰链盖；②用 M6 套筒将铰链盖螺栓拧下，取下顶铰链；③将门体向上托起完成门体的拆卸；④装配时按照与拆卸相反的顺序即可。

七、TCL BCD-518WEPF1 风冷对开门电脑温控电冰箱，压缩机不工作

维修过程：出现此故障时，首先测输入插座 CN1 是否有 220V 电压输入，若无 220V 电压，则检查电源线路；若电压输入正常，则检查所有端子接插件（变频信号线、输入与输出电压、压缩机接线端子、热保护器连接端）是否良好；若接插件均正常，则检测主控板变频信号输出是否正常，若无输出信号，则检测主控板（图 5-13）；若主控板正常，则检测过载保护器是否导通、PTC 阻值是否正常；若以上检查均正常，则问题可能出在压缩机上。

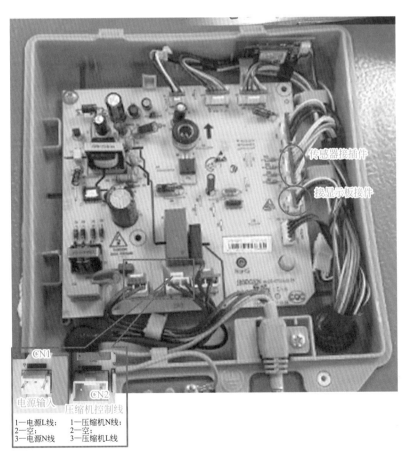

图 5-13

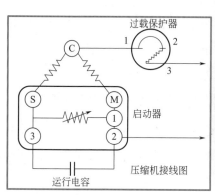

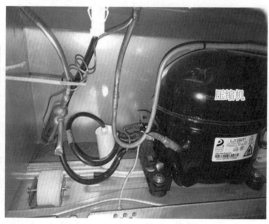

图 5-13　主控板及压缩机接线

故障处理：本例查为压缩机控制线插座 CN2 不良所致，重插或修复 CN2 后故障即可排除。

> 💡 提示
>
> 检查压缩机是否有问题时，可拆下压缩机连接三角头，连接新压缩机，通电若能正常启动，则问题出在压缩机，更换新的压缩机即可。

八、TCL BCD-518WEPF1 风冷对开门电脑温控电冰箱，压缩机不停机

维修过程　出现此故障时，首先检查环温是否过高，箱门是否关严，挡位是否合适，电冰箱内的食物是否堆放过多，是否开门过于频繁；若均正常，则检查电冰箱内的制冷系统是否泄漏，若是则查找泄漏点进行补漏再添加制冷剂；若制冷系统正常，则检查电冰箱温控部分是否有问题，如温控器失灵或调整不当；若以上检查均正常，则检查压缩机（图 5-14）是否有问题。

故障处理：制冷剂不足引起本例故障，若有渗漏点要进行修补，如无渗漏点，可充入适量制冷剂。检修电冰箱制冷剂泄漏故障时，可采取整体打压方法，即：在打开工艺管瞬间看压缩机内有无气体（或微量气体喷出）或有空气被吸入压缩机来进行判断（但要注意在打开工艺管前不能运行压缩机，若压缩机运行则需等半小时后再打开工艺管），若打开工艺管时有微量气体喷出则判定漏点在低压部分，若打开工艺管时外部空气被吸入压缩机中则判定漏点在高压部分。

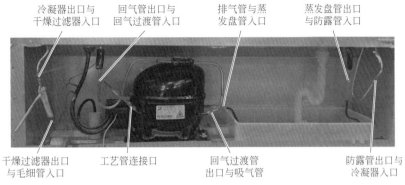

冷凝器出口与
干燥过滤器入口

回气管出口与
回气过渡管入口

排气管与蒸
发盘管入口

蒸发盘管出口
与防露管入口

干燥过滤器出口
与毛细管入口

工艺管连接口

回气过渡管
出口与吸气管

防露管出口与
冷凝器入口

图 5-14 压缩机舱管路焊接示意图

> **💡 提示**
>
> 制冷剂 R600 为易燃易爆气体，维修时应由专业电冰箱维修人员进行操作；管路需要剪短时应用切管器进行操作，禁止使用火焰焊开；使用封口钳（大力钳夹紧必须无冷媒泄漏）将管路夹紧后才能使用简易焊枪进行焊接。

九、TCL BCD-518WEPF1 风冷对开门电脑温控电冰箱，制冷效果差

维修过程：当压缩机工作失常、制冷系统泄漏造成制冷剂流失、风机不工作、冷冻室储存食物过多堵住了通风口、冷凝器冰堵等均会造成制冷效果差。对以上可能原因进行逐个检查，发现按住门灯开关停顿 6 ~ 10s，用手感应风道时无风，说明问题出在风扇组件（图 5-15）。检查接插端子里面插片是否变形或损坏、风扇叶片是否

测主板上冷冻风机接插端子上直流输出电压

测箱体内部电机输入端电压

检查接插端子里面插片

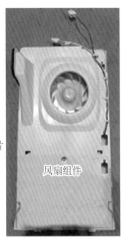

风扇组件

图 5-15 风扇组件

与风扇支架摩擦；若无，则检测主板上冷冻风机接插端子上直流输出电压、箱体内部电机输入端电压是否正常。

　　故障处理：本例查为插接端子接触不良，重插或修复接插件即可。

> 💡 提示
>
> 　　正常制冷中，每次压缩机开启，冷冻室风扇开启；压缩机停机，冷冻风扇关闭；冷冻化霜过程中，冷冻风扇关闭；检测到冷藏或冷冻门打开，冷冻风扇保持关闭。

第三节　帝度电冰箱的故障维修

一、帝度 BCD-292WTGB 型电冰箱显示故障代码 E6

　　维修过程：检修时重点检测显控板、主控板。检修时具体检测显控板接口、冷藏室门上铰链盖内端子、主控板对应端子接触是否正常，主控板接插端口和冷藏室左门上铰链盖内端子之间是否接通，冷藏室左门内预埋线束是否接通，显控板是否损坏、主控板是否损坏。

　　故障处理：此例属于主控板损坏，更换主控板后故障即可排除。

> 💡 提示
>
> 　　相关主控板与变频板如图 5-16 所示。

主控板　　　　　　　　　　　　　　　　　　　　　　　　　变频板

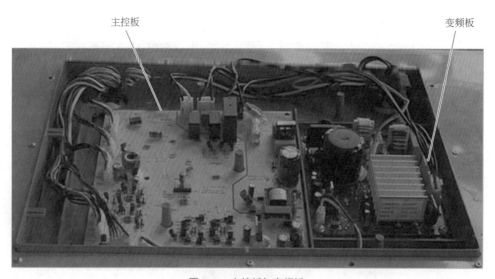

图 5-16　主控板与变频板

二、帝度 BCD-372WMGB 型电冰箱压缩机不启动

　　维修过程：此类故障应用测试法进行检修，检修时重点检测压缩机。检修时具体检测变频板信号线是否正常、输入电压或输出电压是否正常、压缩机接线端子是否正常、热保护器连接是否正常、主控板变频信号输出端是否正常、变频板是否损坏、压缩机供电线序是否错误、压缩机是否损坏。

　　故障处理：此例属于变频板损坏，更换变频板后故障即可排除。

 提示

　　变频板如图 5-17 所示。

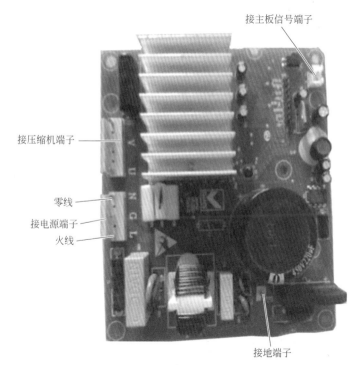

接主板信号端子

接压缩机端子

零线

接电源端子

火线

接地端子

图 5-17　变频板各端子

三、帝度 BCD-372WMGB 型电冰箱显示故障代码 E1

　　维修过程：检修时具体检测冷藏传感器接口及主控板对应端子是否接触良好、主控板接插端口和冷藏箱内接插口之间是否接通、冷藏室温度传感器是否损坏。

　　故障处理：此例属于冷藏室温度传感器损坏，更换冷藏室温度传感器后故障即可排除。

提示

冷藏室温度传感器接线端子如图 5-18 所示。

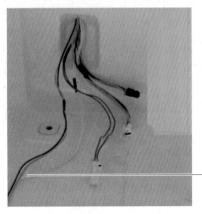

冷藏室温度传感器端子
(2芯)白色线

图 5-18 冷藏室温度传感器接线端子

四、帝度BCD-372WMGB型电冰箱冷冻室、制冰室、变温室制冷正常，冷藏室不制冷，冷藏出风口无风

维修过程：检修时重点检测冷藏室组件。检修时具体检测冷藏室风扇是否有异物卡住、冷藏风扇端子插接是否良好、冷藏室化霜加热器是否损坏（正常时阻值为4.84kΩ）、冷藏室化霜加热器连接线是否正常。

故障处理：此例属于冷藏风扇电线插接不良，重新插接冷藏风扇端子后即可。

 提示

相关冷藏风扇端子与冷藏化霜传感器端子如图 5-19 所示。

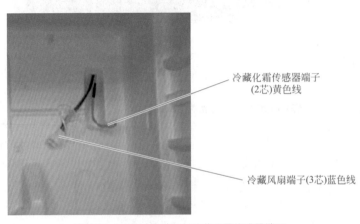

冷藏化霜传感器端子
(2芯)黄色线

冷藏风扇端子(3芯)蓝色线

图 5-19 冷藏风扇端子与冷藏化霜传感器端子

五、帝度 BCD-372WMGB 型电冰箱冷藏室风扇运转正常，但冷藏室不制冷

维修过程：检修时具体检测冷藏室毛细管是否焊堵、冷藏蒸发器是否焊堵、电磁阀插接端子是否插接牢靠、电磁阀阻值是否正常（正常应为 2.28kΩ）。

故障处理：此例属于电磁阀插接端子未插接牢靠，重新插紧电磁阀插接端子后故障即可排除。

六、帝度 BCD-372WMGB 型电冰箱制冰室不制冷，其余间室制冷正常，且显示屏未提示制冰室门打开

维修过程：此类故障应用测试法、感观法进行检修，检修时重点检测制冰室风门组件。检修时具体检测制冰室风门连接线是否连接正常、制冰室风门是否有异物卡死、制冰室风门是否损坏。

故障处理：此例属于制冰室风门连接线连接不良，重新连接制冰室风门连接线后故障即可排除。

 提示

相关制冰室电动风门端子与制冰室温度传感器端子如图 5-20 所示。

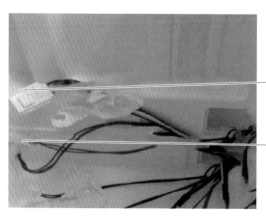

制冰室电动风门端子(6芯)

制冰室温度传感器端子(2芯)

图 5-20　制冰室电动风门端子与制冰室温度传感器端子

七、帝度 BCD-372WMGB 型电冰箱变温室不制冷，其余间室制冷正常，变温出风口无冷风吹出

维修过程：检修时重点检测变温室风门组件。检修时具体检测变温室风门连接线是否连接正常、变温室风门是否有异物卡住、变温室风门是否正常。

维修处理：此例属于变温室风门连接线连接异常，重新连接变温室风门后故障即可排除。

 提示

变温室电动风门端子如图 5-21 所示。

变温室电动风门端子(6芯)

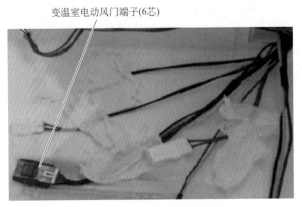

图 5-21 变温室电动风门端子

八、帝度 BCD-372WMGB 型电冰箱冷冻风扇工作异常，各室均不制冷

维修过程：检修时重点检测冷冻风扇组件。具体检测冷冻室风扇连接线是否连接正常、风扇本身是否损坏、风扇位置是否有异物。

故障处理：此例属于冷冻室风扇连接线连接异常，重新连接冷冻室风扇连接线后故障即可排除。

❗ 提示

相关冷冻室风扇电动机端子如图 5-22 所示。

冷冻室风扇电动机端子(3芯)

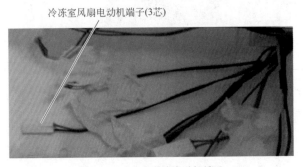

图 5-22 冷冻室风扇电动机端子

九、帝度 BCD-372WMGB 型电冰箱照明灯不亮，云保鲜模块保鲜效果差

维修过程：检修时重点检测电控系统。具体检测照明线端子是否接触良好、主控板是否损坏、门灯开关是否损坏、高压包端子是否接触良好、高压包本身是否损坏。

故障处理：此例属于照明线端子及高压包端子接触不良，重新连接照明线端子、高压包端子后故障即可排除。

 提示

相关冷藏照明线端子与高压包端子如图 5-23 所示。

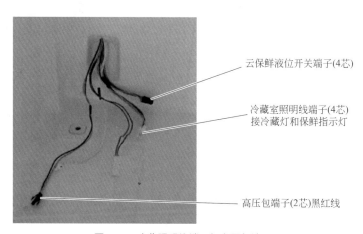

云保鲜液位开关端子(4芯)

冷藏室照明线端子(4芯)
接冷藏灯和保鲜指示灯

高压包端子(2芯)黑红线

图 5-23 冷藏照明线端子与高压包端子

第四节 海尔电冰箱的故障维修

一、海尔 BCD-248WBCS 型三门电冰箱，不制冷

维修过程：通电后观察压缩机是否运转，若压缩机一直运转且冷凝器温升很低，则检查制冷剂是否泄漏；若压缩机运转，则检查是否冰堵或脏堵。

若压缩机不运转，则开门检查灯是否点亮；若灯不亮，则检查接头是否连接良好、主板上灯的接口是否正常供电、门灯开关及通信线是否有问题；若灯亮，则检测控制板是否有电压输出；若控制板无电压，则问题出在主控板；若控制板电压输出正常，则检查压缩机及其附件是否有问题。图 5-24 所示为制冷系统原理与内部焊点。

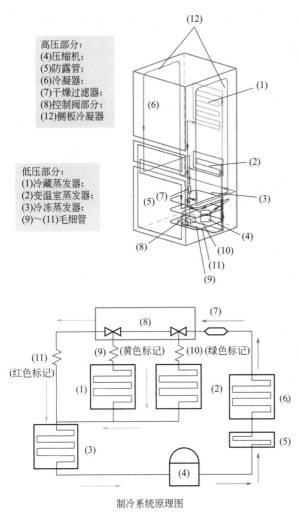

高压部分:
(4)压缩机;
(5)防露管;
(6)冷凝器;
(7)干燥过滤器;
(8)控制阀部分;
(12)侧板冷凝器

低压部分:
(1)冷藏蒸发器;
(2)变温室蒸发器;
(3)冷冻蒸发器;
(9)~(11)毛细管

制冷系统原理图

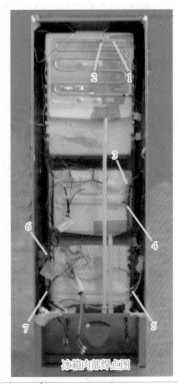

冰箱内部焊点图

焊点	连接部件
1	毛细管-蒸发器铜铜焊点
2	φ8铝管与φ8铜管
3	φ8铝管与φ8铜管
4	毛细管-蒸发器铜铜焊点
5	φ8铜管与φ6铜管
6	φ8铜管与φ6铜管
7	φ8铜管与φ8铜管

图 5-24　制冷系统原理与内部焊点

　　故障处理:该机查为毛细管冰堵。先将制冷系统内制冷剂放掉,重新进行真空干燥处理;对制冷系统的主要部件(蒸发器、冷凝器等)进行清洗处理;最后再加入制冷剂。

💡 提示

　　①当怀疑是制冷系统存在焊点焊堵,可通过焊点外观判断故障点,如不能判断,则按照逆序依次切断焊点进行排查。②毛细管冰堵的判断方法:压缩机运行一段时间后,蒸发器结霜,冷凝器发热,当形成冰堵后蒸发器上呈现无霜,压缩机运行时是沉闷声,空调无冷气吹出;停机后用热毛巾多次包住毛细管进蒸发器的入口处使冰堵融化,此时能听到管道通畅的制冷剂流动声,启动压缩机后蒸发器又开始结霜,压缩机运行一段时间后,故障又重现,此时可判断为毛细管冰堵。

二、海尔 BCD-248WBCS 型三门电冰箱，能制冷，但显示代码 F1

维修过程：出现此故障时，首先检查冷藏蒸发传感器正常，故判断问题出在冷藏室蒸发器或其阻抗信号／电压信号变换电路，经沿路检查发现冷藏室蒸发器温度检测电路中电阻 R22 引脚存在虚焊。图 5-25 所示为主板与电器接线。

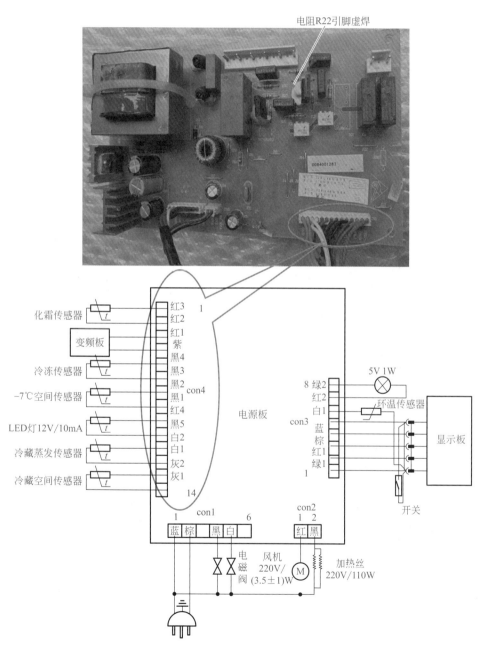

图 5-25 主板与电器接线

故障处理：重焊电阻 R22 后故障排除。

> 💡 提示
>
> 当冷藏蒸发传感器短路或断路，冷藏温度显示区会显示 F1；若此时处于人工智能状态，且环境温度超过 40℃，则冷藏室开关机由冷藏空间温度传感器控制（开机 10℃，关机 8℃）。

三、海尔 BCD-460WDGZ 风冷变频十字对开门电冰箱不启动

维修过程：首先检查电冰箱电源是否有问题，查外电源有 220V，电源插头插座之间接触良好，且冷藏室照明灯也亮，说明电冰箱供电正常；此时检测主控板熔丝是否断开，必要时更换熔丝；若熔丝正常，则检测变频板（0064001350）上是否有 220V 电压输入，无 220V 电压，则检查电源到变频板线路有无问题；若有 220V 电压，用示波器测变频板上变频信号线是否有输出方波信号；若无变频信号，则检查变频板连接线和主控板（0061800316A，见图 5-26）是否损坏；若有变频信号，则检查压缩机和变频板。

图 5-26　主控板

故障处理：本例查为主控板上晶振 XT1 不良从而造成整机不工作，更换晶振 XT1 后故障排除。

四、海尔 BCD-536WBSS 多门电冰箱冷藏灯不亮

维修过程：①首先检查冷藏门开关是否正常弹起，若冷藏门开关正常弹起，则检查主控板 +12V 与 LED 之间电压是否为 12V。②若主控板 +12V 与 LED 之间电压无 12V，则检查主控板是否损坏；若主控板 +12V 与 LED 之间电压为 12V，则检查冷藏风道后箱体插件的电压是否为 +12V。③若冷藏风道后箱体插件的电压异常，则检查箱体电缆是否连通、正负极性是否正确；若冷藏风道后箱体插件的电压正常，则检查冷藏灯的端子连接是否可靠。④若冷藏灯端子连接可靠，则检查冷藏灯板是否良好。冷藏灯板与主控板相关实物如图 5-27 所示。

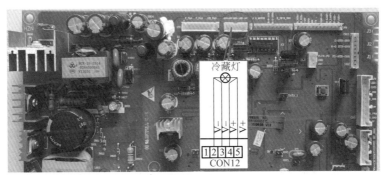

图 5-27　冷藏灯板与主控板相关实物

故障处理：实际维修中因冷藏灯损坏而引起此类故障较为常见，更换冷藏灯板即可排除故障。

💡 提示

　　该电冰箱每个照明灯为 LED 灯，参数为 DC12V/2W。冷藏顶部灯的更换方法：用螺丝刀将固定顶部灯罩的两个螺钉拧下，然后取下顶部灯罩；取下灯罩后，将线端子与灯板断开，然后拧下固定顶部灯板的四个螺钉，取下顶部灯板即可更换；安装时按相反的顺序进行。

五、海尔 BCD-536WBSS 多门电冰箱不能制冰

维修过程：出现此故障应按以下步骤进行判断。

① 检查制冰机是否处于关闭状态。若制冰机处于打开状态，则检查水阀上的水管、连接件是否安装到位。

② 若水阀上的水管、连接件安装到位，则检查制冰机电动机是否故障。

③ 若制冰机电动机正常，则检查制冰机端子（图 5-28）是否进水、生锈、腐蚀。

④ 若以上检查均正常，则检查主控板相关部分是否有问题。

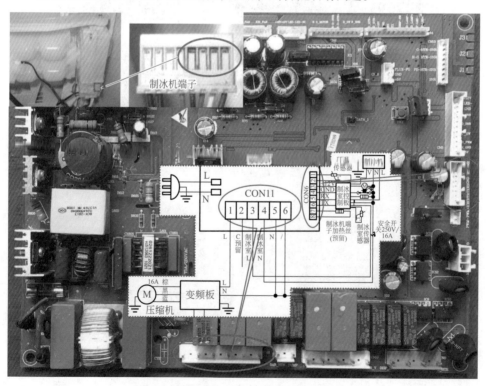

图 5-28　海尔 BCD-536WBSS 电冰箱制冰机端子

故障处理：实际维修中因制冰机插接器端子进水生锈后接触不良而引起此类故障，更换制冰机端子即可。

> 💡 提示
>
> 该机主控板型号为0061800052。清洁门体制冰机的取下方法（图5-29）：按照制冰室门把手上的说明打开制冰室门，将储冰盒先沿A方向提起，再沿B方向取下即可。

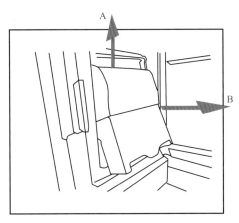

图 5-29　取下门体制冰机方法

六、海尔 BCD-539WD 对开门电冰箱不化霜

维修过程：通电进入强制化霜状态，观察化霜加热丝是否工作，若化霜加热丝加热正常，则检测化霜传感器是否正常、位置是否正确；若传感器故障，则更换传感器；若位置正确，则问题可能出在主控板。

若化霜加热丝不工作，则检测主控板化霜输出端是否有220V电压输出（图5-30）；若无电压输出，则问题出在主控板，检查主控板上元件是否存在脱焊或损坏；若有电压输出，则检查化霜加热系统（主要查化霜加热丝、温度熔丝等）是否有问题。

故障处理：本例故障是蒸发器化霜加热丝开路所致，更换化霜加热丝即可排除故障。

> 💡 提示
>
> ①该型号电冰箱主控板型号为0064001134；②加热丝的阻值一般在几百欧姆，大于1kΩ或者1MΩ甚至无穷大，说明加热丝已开路烧坏了；③在拆装加热丝时应注意检查化霜加热丝是否安装牢固、加热丝的前后左右以及下部是否靠在内胆上或者距离内胆非常近、连接线缆是否碰到蒸发器上。

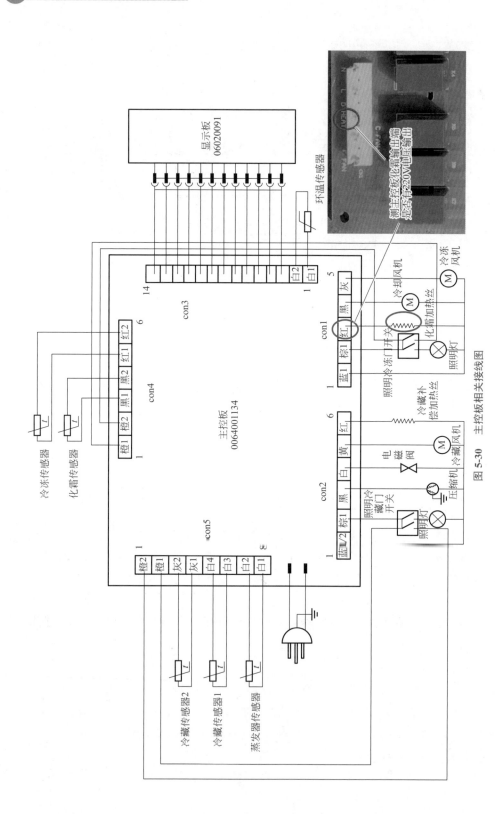

图 5-30 主控板相关接线图

七、海尔 BCD-539WSY 对开门电冰箱面板不亮，开门灯亮

维修过程：出现此故障时，首先将电冰箱顶端控制电路的保护盖打开，观察主控制板（图 5-31）上是否存在异常现象，发现 LED 指示灯无显示（正常情况时应会不停闪烁），说明主控板异常。检测电源部分的 + 16V、+ 5V、+ 12V 三路电压，发现三端稳压块 IC7（7805）输入端电压为 5.7V，输出端为 2.5V 左右，说明 +5V 电源存在问题；试断开 IC7 的输入端，测量开关电源的输出电压恢复到 12V 左右，故判断故障在 IC7 的输出端，检查 IC7 及其相关元件。

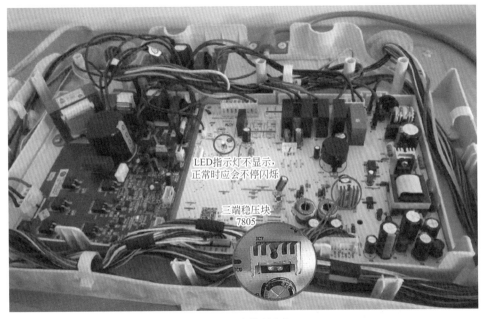

图 5-31　主控板实物

故障处理：本例查为 IC7（7805）不良所致，更换 IC7 后故障排除。

> 💡 提示
> 主板型号为 0064000891D。

八、海尔 BCD-539WT 对开门电冰箱能正常工作，但不能除霜

维修过程：当除霜传感器不良、除霜控制电路中连接线断了或元器件有问题等均会引起不能除霜。首先检查化霜加热器，测化霜加热器的阻值是否正常，阻值为 0Ω 为短路，阻值为无穷大则为开路；若测加热器阻值正常，则检查加热器的引线是否断了、接插件是否脱落；若化霜加热器正常，再检查除霜传感器，查接插件是否

松动或未接插到位、测除霜传感器的电阻值是否正常；若除霜传感器正常，则检查除霜控制电路（图 5-32），测 IC1 的 ⑫、⑮ 脚电压是否正常，继电器 K4、K3 是否良好，反相器 IC3 及外围元件是否有问题。

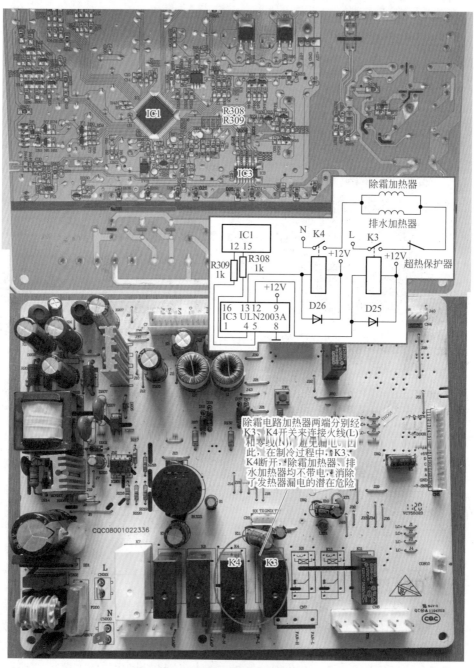

图 5-32　除霜控制电路与主控板

故障处理：除霜驱动继电器损坏而引起此故障较常见，检测时可按动主 PCB 测试开关后测连接器上的电压，如电压正常，则可判断该继电器不良。更换除霜驱动继电器即可排除故障。

💡 提示

当进行除霜加热时，由主控芯片 IC1⑫、⑮ 脚输出 +5V 高电平，经电阻 R308、R309 限流后送到反相器 IC3 的④、⑤脚，此时 IC3⑬、⑫ 脚输出低电平，继电器 K4 、K3 得到 12V 电源电压而吸合，K4、K3 的常开触点闭合后，分别接通市电火线（L）和零线（N），除霜加热器、排水加热器获得 220V 市电压而加热除霜。

九、海尔 BCD-550WA 双门电冰箱，通电后电冰箱内蜂鸣器有声音发出，但压缩机不能启动，且显示屏也不亮

维修过程：出现此故障时，首先检查主电路板上电源部分是否正常，测开关电源的 +16V、+12V、+5V 三组输出电压；若 +16V、+12V 电压输出正常，但 +5V 输出电压异常，则检测三端稳压器 IC202（MC7805CT）的输入端上电压是否正常；若 IC202 输入端上电压正常，则检测 IC202 及其外围元件（图 5-33）。

图 5-33　滤波电容 E205

故障处理：本例查为 +5V 滤波电容 E205 漏电造成 IC202 损坏，使 +5V 输出电压失常，从而导致此故障。更换 E205、IC202 后故障排除。

💡 提示

　由于 +5V 滤波电容 E205 漏电严重，致使 IC202 长时间承受大漏电电流而损坏。

十、海尔 BCD-550WB 对开门电冰箱通电后能启动，但蜂鸣器响不停

维修过程：由于该机其他功能均正常，故判定故障仅在蜂鸣器及其控制部分（图 5-34）。首先检测微处理器 IC1（MC68HC08AB32/64）⑤脚电压是否正常，若⑤脚有正常的低电平输出，则检测 N16（2SC2412K）是否有问题；若 N16 正常，则检查蜂鸣器本身是否有问题。

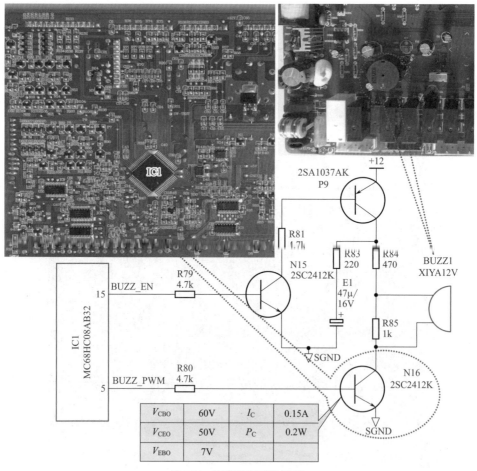

图 5-34　蜂鸣器及其控制部分

故障处理：本例查为 N16（2SC2412K）击穿短路从而导致此故障，更换2SC2412K 后，故障排除。

> **提示**
>
> 正常时，IC1⑤脚为低电平，N16 处于截止状态，蜂鸣器 BUZZ1 处于开路状态而不发音；当电冰箱有异常或 IC1 发出指令时，IC1⑤脚变为高电平，此时 N16 导通，蜂鸣器得电就会发出响声。

十一、海尔 BCD-550WB 对开门电冰箱整机不工作

维修过程：引起此故障的原因主要有：供电线路异常、电源电路异常、微处理器电路异常。首先检查电源线和电源插座是否正常；若正常，则检测电源变压器 T200 的初级绕组两端的阻值是否正常、次级绕组交流电压输出是否正常；若电源变压器 T200 输出的电压及阻值均正常，则测电容 E205 两端有无 5V 电压；若无 5V 电压，则检查稳压器 IC202（MC7805CT）、E204、D203 及负载电路是否有问题；若电容 E205 有 5V 电压，则说明问题出在微处理器电路。

检查微处理器电路时，首先检测主控芯片 IC1 供电是否正常，若不正常，则查线路；若供电正常，则检查晶振电路是否正常，测主控芯片 IC1⑤⑧、⑤⑨脚电压及外接 4MHz 晶振是否正常；若⑤⑧、⑤⑨脚电压正常、晶振也良好，则检查复位电路 P12（2SA1037AK）、R82、R88、R89、R90、C22 是否有问题。复位电路与晶振电路如图 5-35 所示。

故障处理：本例查为复位电路中电容 C22（104）漏电而造成此故障，用同规格电容更换后，试机故障排除。

> **提示**
>
> 复位电路由三极管 P12、电阻 R88～R90、R82、电容 C22 等组成，当复位电路得到 +5V 电源时，电路进行比较，并给主控芯片 IC1③脚提供复位电平，高电平复位。

十二、海尔 BCD-550WYJ 对开门电冰箱冷藏室温度异常，并显示代码F1

维修过程：检修时具体检测冷藏传感器插件是否接触良好、冷藏传感器白色线之间的阻值是否正常、冷藏传感器 RT1 是否损坏或其接口电路是否存在故障、主控板上 CN4 接插件安装是否到位、CN4 接插件中两根白色线之间的阻值是否正常。

故障处理：此例属于主控板上 CN4⑤、⑥脚接触不良使 CPU（IC1）㊴脚信号电压变大，使 CPU 误认为冷藏室温度已达到预设值从而导致此故障，重新插紧主控板上 CN4 接插件后即可。相关 CN4 接插件如图 5-36 所示。

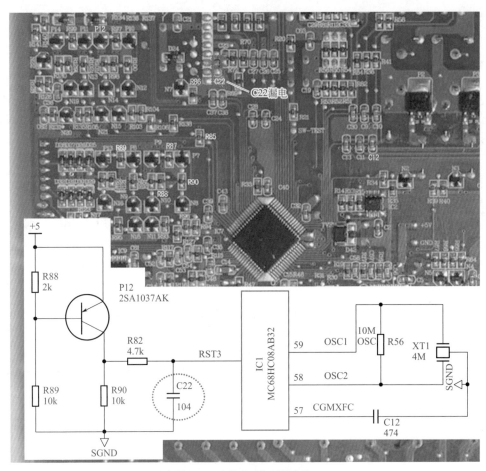

图 5-35　复位电路与晶振电路

> 💡 **提示**
>
> F1 代码为冷藏传感器 RT1 短路或断路。RT1 安装在风门总成处，用于检测冷藏室温度，当冷藏室温度高时阻值变小，反之阻值变大，经 CN4 的⑤、⑥脚进入主电路，经电阻 R33 对 5V 电压分压后，由 R30 耦合至 CPU（IC1）㊴（即检测到较高温度时，CPU ㊴脚反馈回的电压较小，反之较大），CPU 将信号电压进行处理后，与内存的数据进行比较，从而控制冷藏室风门角度大小或除霜控制指令。

十三、海尔 BCD-551WB 双门电冰箱，通电后显示板无显示

维修过程：当显示板与电缆线接触不良、电脑板有问题等均会引起显示板无显示，检修时可按以下方法进行排除。

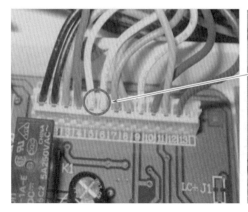
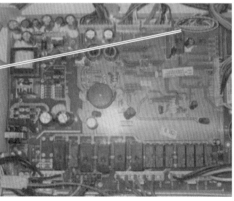

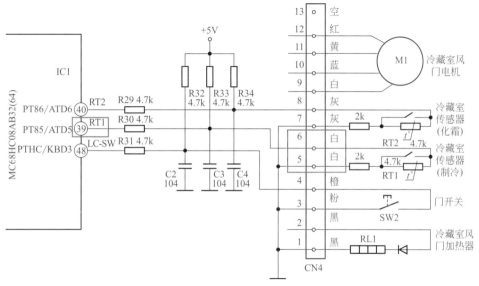

图 5-36　主控板上 CN4 接插件

① 首先检查与门体显示板连接的线束、接插件是否良好。用万用表测试两组信号线（图 5-37）两端的直流电压是否正常；若蓝棕端子间的电压稳定在 4.75 ～ 5.25V 之间的某一个值，且绿红端子之间的电压也在 2V 左右的某个值，则排除连接门体显示板的线束和主控板的输出有问题的可能，故障可能在门体显示板；若蓝棕端子之间或者绿红端子之间的电压为 0V，则故障可能在连接门体显示板的线束和主控板的输出上。

② 打开电冰箱铰链盒检查接线是否连接良好、接插件是否松动（图 5-38），若检查显示板接插件正常，则用万用表检测门体信号线（蓝、棕、绿、红 4 根信号线）相互间是否存在短路；若门体信号线与各接插件均正常，但显示板仍无显示，则说明问题出在主控板或者主控板连接到铰链的线束。

接门体显示板的4条线，绿色线和红色线是
通信信号线，棕色线是+5V线，蓝色线是接地线

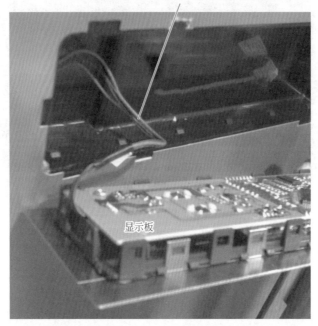

显示板

图 5-37　接门体显示板信号线

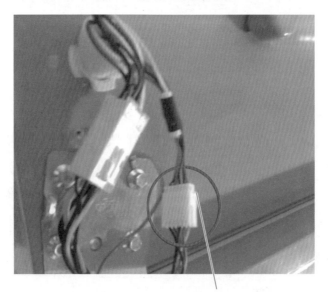

打开铰链盒，查接插件与接线

图 5-38　检查接插件与接线

故障处理：本例查为铰链盒内的接插件不良所致，修复或更换接插件即可排除故障。

> 💡 提示
>
> 检测主控板的输出，若蓝棕端子间的电压稳定在 4.75 ～ 5.25V 之间的某一个值，同时绿红端子之间的电压在 2V 左右的某个值，则说明主控板正常。

十四、海尔 BCD-551WE 对开门电冰箱按键操作无反应，通信故障

维修过程：当出现此故障时需检查以下几个部位：①查冷冻门上铰链连接端子是否接触良好；②查显示板接插件是否接触良好；③查主控板 CN1 接插件是否接触良好；④查 CN1 接插件中每根线到显示板上的每根线是否导通；⑤查显示板、主控板接插件周围的三极管 N19（2SC2412K）、N20（2SC2412K）等是否有问题。相关部位如图 5-39 所示。

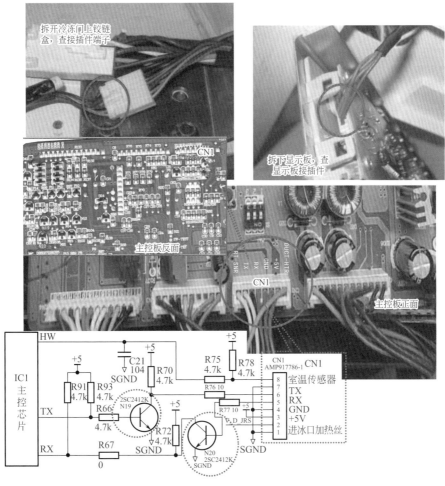

图 5-39　相关部位

故障处理：本例查为三极管 N19 不良造成此故障，更换 N19 后故障排除。

> **💡提示**
>
> 接门体显示板一共 4 条线，其中，绿色线和红色线是通信信号线，棕色线是 +5V 线，蓝色线是 GND 线。

十五、海尔 BCD-586WL 多开门电冰箱冷冻室不制冷，并显示代码 E1

维修过程：根据故障现象分析故障的部位可能发生在冷冻风扇电动机及其控制电路。首先检查风扇电动机叶片是否被卡住，若风扇叶片未卡住，则检查风扇电动机的接插件是否存在接触不良现象；若以上检查均正常，则测风扇电动机两端的工作电源是否正常，若风扇电动机两端的工作电源正常，则说明问题出在风扇电动机本身；若风扇电动机两端的工作电压失常，则检查风扇控制电路（由 D1、D3、E3、E4、P1 等元件组成）是否有问题。相关部位如图 5-40 所示。

故障处理：本例查为接插件 CN4 接触不良所致，修复或更换 CN4 接插件故障排除。

> **💡提示**
>
> E1 代码为 F FAN（冷冻风机）不良。

十六、海尔 BCD-586WL 多开门电冰箱制冷效果差

维修过程：出现此故障时一般有以下几个原因：①门封有问题；②电冰箱温度挡位设置过低；③环温低于 16℃；④系统存在制冷剂泄漏；⑤温控器失常。

首先检查门封是否存在变形，电冰箱温度挡位设置是否过低；若门封正常且温度挡位调节合适，则测试环温是否低于 16℃，当环温低于 16℃则查自动低温补偿开关是否接通，若开关未接通，则更换自动低温补偿开关，若开关是接通的，则检查加热丝是否损坏、接插件是否接触良好；若环温高于 16℃，则检查压缩机是否排气差或系统是否存在制冷剂泄漏；若以上检查均正常，则检查温控器或主控板是否有问题。

故障处理：本例查为温控器损坏所致，更换温控器后故障排除。

> **💡提示**
>
> 在环境温度低于温度控制器正常的启动温度时，应检查电冰箱的自动低温补偿开关是否打开，只有打开了低温开关才能使温度控制器强行开机。

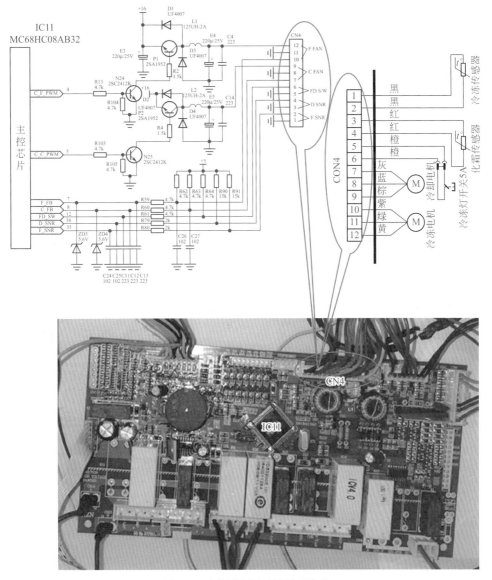

图 5-40　主控板及风机控制电路部分

十七、海尔 BCD-588WBGF 对开门电冰箱显示代码 Ed

维修过程：当出现此故障时需检查以下几个部位是否存在问题：①化霜熔丝是否开路及其接插件是否接触良好；②化霜传感器是否有问题及其接插件是否接触良好；③化霜加热丝是否正常及其接插件是否接触良好；④进入强制化霜，检测加热丝是否加热，主控板是否有电压输出。相关部位如图 5-41 所示。

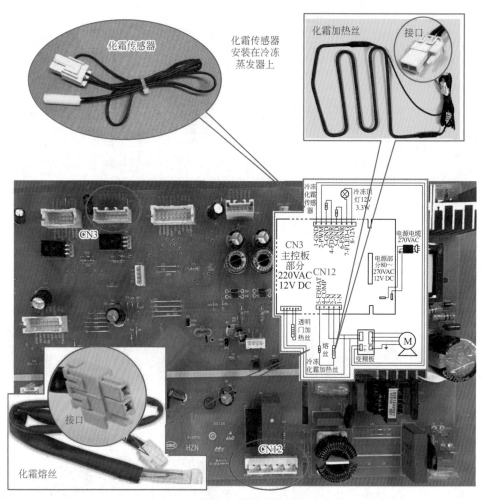

图 5-41　相关部位

　　故障处理：本例查为化霜传感器感应的温度不够造成，将化霜传感器位置向下移动约 10cm 后故障排除。

💡 提示

　　显示 Ed 表示化霜系统不良，并不是具体代表某一个件损坏，且只要电冰箱一断电再通电时此故障代码即消失，显示板也正常显示，但这并不代表修好了，如果不将问题彻底解决，过几天后还会再次显示，故维修时必须注意。

十八、海尔 BCD-588WBGF 对开门电冰箱显示屏显示代码 E0

　　维修过程：当出现此故障时需检查以下几个部位是否存在问题：①拆开冷冻门

上铰链盒，查冷冻门上铰链连接端子、主控板与显示板之间的接插件是否接触良好（图 5-42）②查主控板与显示板是否配套；③查显示板、主控板接插件周围三极管是否正常。

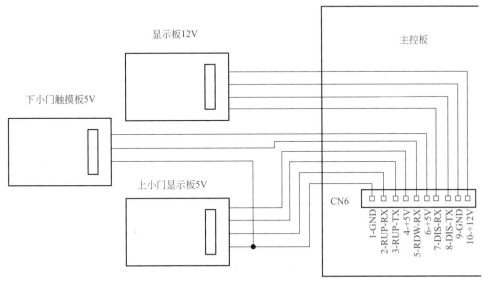

图 5-42　显示板与主控板接插件

故障处理：本例查为主控板与显示板接插件接触不良所致，修复并重插接插件后故障排除。

💡 提示

E0 代码为通信不良。该机主控板为 0061800365，显示板总成为 0060843492。

十九、海尔 BCD-602WBGM 对开门电冰箱冷藏室的食品结冻

维修过程：引起此故障的原因有：风门密封不严、风门不良、线路部分有问题、冷藏传感器不良、主控板有问题。检修时，首先关闭冷藏室，检测出风口部位以及风门总成周围是否有冷气吹入现象，有冷气吹入，说明密封不严；若风门密封良好，则拆开冷藏电动风门，反复开关冷藏室，检测风门是否能动作；若风门不能动作，则检查线路部分，测试风门接线端子部位与主控板对应接线件，按照颜色测试每根线是否导通；若线路正常但风门仍不能动作，说明问题出在主控板或风门；若以上检查均正常，则检查冷藏传感器是否有问题。相关部分如图 5-43所示。

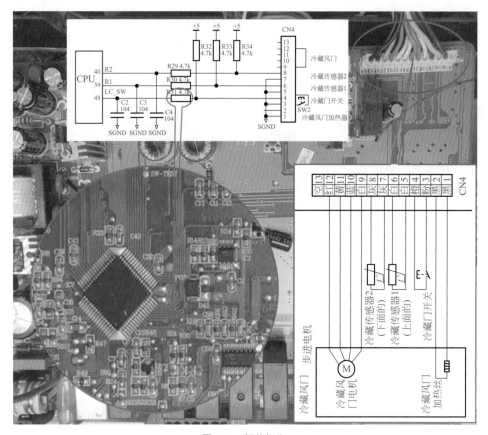

图 5-43　相关部分

　　故障处理：本例查为主控板（板号为 0064000891I）上电阻 R31 不良从而造成此故障，更换电阻 R31 后故障排除。

> 💡 提示
>
> 　　风门控制电路由门开关 SW2、耦合电阻 R31、上接电阻 R32、高频消噪电容 C2 及 CPU（IC1）㊽脚内部电路组成，当冷藏室门打开时，SW2 触点断开，CPU ㊽脚输入高电平信号，控制风门电机 M1 停止工作，并点亮冷藏室照明灯；当冷藏室门关闭时，SW2 触点闭合，CPU ㊽脚经 R31、CN4 的③、④脚及开关 SW2 接地，输入信号为低电平，控制风门电机 M 工作，熄灭照明灯。

二十、海尔 BCD-602WBGM 对开门电冰箱有时显示故障代码 F4，有时温度显示异常

　　维修过程：F4 代码为冷冻传感器不良。出现此故障时，首先检查冷冻传感器的

接插件和箱体之间连接是否正常、内部端子是否接触良好；若冷冻传感器端子接触良好，则检查冷冻传感器本身是否有问题；若冷冻传感器正常，则检测主控板冷冻传感器端子是否接触良好；若主控板冷冻传感器端子接触良好，则检查主控板上冷冻温度传感器电路（如图 5-44 所示）是否有问题。

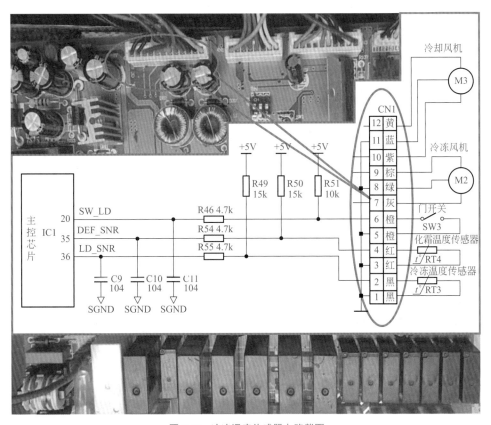

图 5-44　冷冻温度传感器电路截图

故障处理：本例查为冷冻温度传感器 RT3 不良而造成此故障，更换 RT3 后故障排除。冷冻传感器（F SNR）、化霜传感器（D SNR）都安装在冷冻室，参数一样，可以通用；但冷冻传感器与冷藏传感器（R SNR）不能交换使用。

💡 提示

　　冷冻温度传感器电路由电阻 R49、R55、R50、R54 及温度传感器 RT3、RT4（负温度系数热敏电阻）分别组成分压取样电路，将随温度电压变化的电平值分别提供给主控芯片 ICl ㊱、㉟ 脚，与设定冷藏室温度值进行比较，自动调节变频压缩机的运转频率，进而控制冷冻室的温度在设定范围之内。

二十一、海尔 BCD-649WACZ 对开门电冰箱显示故障代码 F3

维修过程：出现此故障应按以下步骤进行判断：①首先检查冷藏传感器接插件是否接触良好。若冷藏传感器接插件接触良好，则断开接插件，检查冷藏传感器两根白色线之间的阻值是否正常。②若冷藏传感器两根白色线之间的阻值异常，则检查冷藏传感器是否损坏，若冷藏传感器两根白色线之间的阻值正常，则检查主控板上 CN6 接插件（图 5-45）是否安装到位。③若主控板上 CN6 接插件安装到位，则检查 CN6 接插件中两根白色线之间的阻值是否正常。

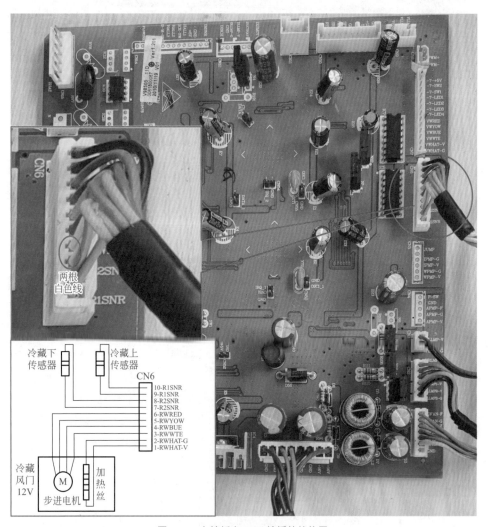

图 5-45　主控板上 CN6 接插件的位置

故障处理：实际维修中因冷藏传感器接插件接触不良而引起此类故障较为

常见。

> 💡 提示
> F3 代码含义为冷藏传感器或其连接线路短路（断路）。该机主板型号为 0061800067。

二十二、海尔 BCD-649WADV 对开门变频电冰箱显示代码 F3

维修过程：检修时检测冷藏传感器接插件是否接触良好、冷藏传感器两根白色线之间的阻值是否正常（正常应为 1 ～ 6kΩ）、冷藏传感器是否损坏或其接口电路是否有故障、主控板上 CN6 接插件（图 5-46）是否安装到位、CN6 接插件中两根白色线之间的阻值是否正常。

图 5-46 主控板上 CN6 接插件

故障处理：本例查为冷藏传感器损坏，更换冷藏传感器后故障排除。

> 💡 提示
> F3 代码为冷藏室温度传感器短路或断路。

第五节　海信电冰箱的故障维修

一、海信 BCD-620WTGVBP 多门电冰箱显示异常

维修过程：出现此故障时，首先检测主控板和显示板供电端子是否有 +5V 直流电压；若无 +5V 电压，则检查 +5V 供电电路相关元件；若有 +5V 电压，则检查显示板上接插件与主控板上 CN8 接插件有无接触不良、断线或脱焊；若接插件接触良好，则说明问题出在显示板。相关实物如图 5-47 所示。

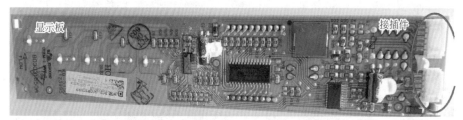

图 5-47　显示板与主板相关实物

故障处理：本例查为主控板到显示板之间的连线接触不良，重新焊接或修复连接线后故障排除。

> 💡 **提示**
>
> 当出现显示屏故障时，应首先检查一下电冰箱是否制冷，若制冷正常，则故障仅仅出在显示控制方面。

二、海信 BCD-318WBP 多门电冰箱变温室达不到设定温度，并显示代码 F2

维修过程：出现此故障时，首先检查变温传感器（切换室传感器）自身是否正常，拔掉变温传感器的插件，用万用表电阻挡测量变温传感器两引脚之间的电阻值（正常时应为适时环境温度下的对应电阻值），同时给变温传感器加温（即温度越高，显示电阻值越小，说明基本正常）进行检测，若变温传感器正常，则检查主控板上 XP11 插接件（图 5-48）是否接触良好；若 XP11 正常，则检查传感器线束回路是否有问题；若传感器线束正常，则检查主控板上变温传感器温度信号采集电路工作是否有问题。

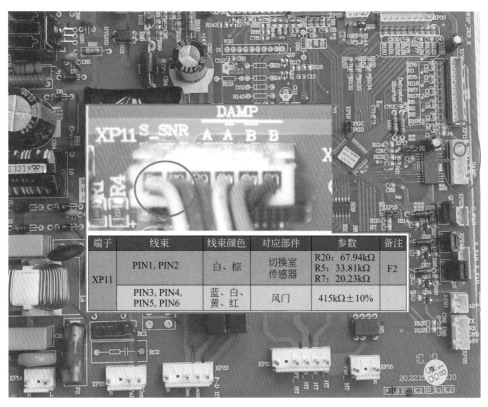

端子	线束	线束颜色	对应部件	参数	备注
XP11	PIN1, PIN2	白、棕	切换室传感器	R20: 67.94kΩ R5: 33.81kΩ R7: 20.23kΩ	F2
	PIN3, PIN4, PIN5, PIN6	蓝、白、黄、红	风门	415kΩ±10%	

图 5-48　XP11 相关部分

故障处理：本例查为变温传感器问题所致，选用同型号的传感器更换即可。

> 💡 提示
>
> F2 代码为变温传感器故障。若检测变温传感器存在开路、短路、阻值不符或检测温度不敏感，都属传感器故障。

三、海信 BCD-318WBP 多门电冰箱冷藏室蔬菜结冰

维修过程：出现此故障时，首先检查冷藏室温控器的挡位调节是否太低；若温度调节在合适范围，则检查电冰箱的排水口是否被堵住；若排水口正常，则检测冷藏室传感器是否正常（在电冰箱正常制冷时，从电脑板上将传感器插件拔下，测冷藏传感器的电阻值，同时用温度表监控传感器旁边的温度值，同时读取温度值和电阻值是否正常，若电阻值在正常范围内，说明传感器正常，否则传感器参数漂移故障）；若冷藏室传感器阻值和测量温度对应正常，则检测主控板及电磁阀部分，查电磁阀是否可正常换向，先关闭冷藏，用万用表检测主控板上接插件 XP28 处（图 5-49）是否有驱动电压，若无驱动电压，则说明问题出在主控板，否则为电磁阀问题。

端子	线束	线束颜色	对应部件	参数
XP28	PIN1, PIN3	蓝色、红色	电磁阀	220V

图 5-49　XP28 接插件相关部分

故障处理：本例查为电磁阀不能正常换向（在电冰箱制冷时耳听电磁阀无换向声，再用手摸电磁阀外壳，给电磁阀线圈间断地通电压为 187～220V 正、负半波脉冲电流，电磁阀也无换向动作感觉，故说明电磁阀换向不良），更换电磁阀后故障排除。

💡 提示

传感器参数漂移，不会显示传感器故障代码，只在传感器断路或短路时，才会显示代码；现在电磁阀都是脉冲式的，由主控板控制开启或关断到各舱室的制冷剂的流动，达到控制温度的目的。

四、海信 BCD-318WBP 多门电冰箱显示代码 F3

维修过程：首先检查冷冻传感器接插件 XP20（图 5-50 所示）是否插接良好，若传感器接插件 XP20 良好，则用万用表检测冷冻传感器线束回路是否存在短路或开路；若冷冻传感器线束正常，则检测冷冻传感器本身是否损坏；若冷冻传感器正常，则检查主控板是否有问题。

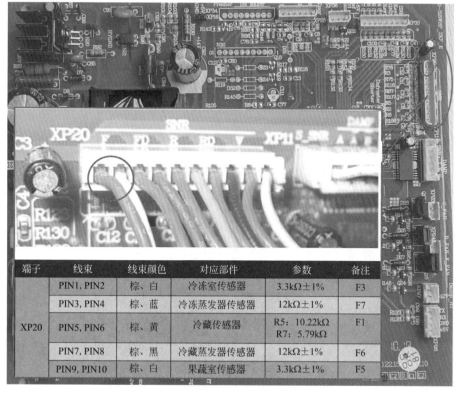

端子	线束	线束颜色	对应部件	参数	备注
XP20	PIN1, PIN2	棕、白	冷冻室传感器	3.3kΩ±1%	F3
	PIN3, PIN4	棕、蓝	冷冻蒸发器传感器	12kΩ±1%	F7
	PIN5, PIN6	棕、黄	冷藏传感器	R5: 10.22kΩ R7: 5.79kΩ	F1
	PIN7, PIN8	棕、黑	冷藏蒸发器传感器	12kΩ±1%	F6
	PIN9, PIN10	棕、白	果蔬室传感器	3.3kΩ±1%	F5

图 5-50　XP20 相关部分

故障处理：本例查为冷冻传感器接插件 XP20 ①、②脚线束接触不良所致，修复或更换接插件 XP20 后并重插即可排除故障。

💡 提示

F3 代码为冷冻传感器故障。冷冻室传感器、冷藏室传感器、环境温度传感器损坏一般不严重，可能会造成温度控制失常，如果损坏严重或者阻值不稳定，则会出现不开机、不制冷，或出现故障代码。

五、海信 BCD-350WBP 多门电冰箱不给水，水进不到制冰盘中

维修过程：出现此故障时，首先检测给水口电加热器接线盒中的电压是否正常；若接线盒中电压正常（AC220V），则检查给水口电加热器及底板（冷藏室）是否有问题；若接线盒中无电压，则测控制电路板上接插件 P525 的黄与黑之间的电压是否正常；接插件 P525 上有 AC220V 电压，则检查接线盒盖内线路是否存在问题；若接插件 P525 上无电压，则检查控制电路板是否有问题。相关部位如图 5-51 所示。

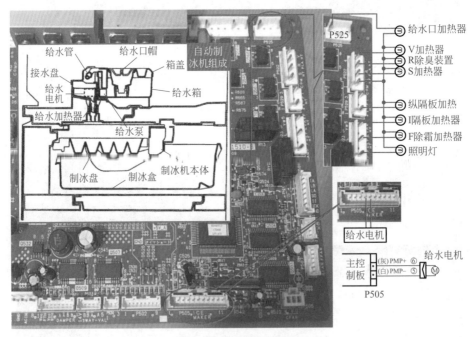

图 5-51　制冰机相关部位

故障处理：实际维修中为给水口电加热器接线盒内线路存在问题所致，重接线路后故障排除。

💡 提示

给水方式是由电磁耦合式泵定时给水（图 5-52）；给水口电加热器的正常阻值为 14.2kΩ。

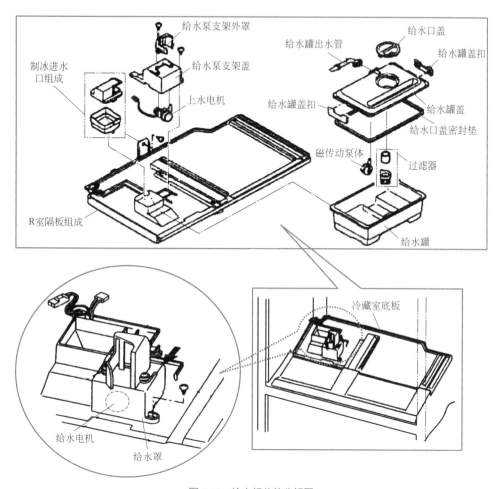

图 5-52　给水相关件分解图

六、海信 BCD-375WTD 多门电冰箱不停机

维修过程：首先检查电冰箱周围有一定的散热空间，且没有过于频繁地开关箱门；然后检查电冰箱温度设置合适，门封也没有存在不严或损伤、变形现象；再检查制冷剂也没有存在泄漏现象；继而将电冰箱门全打开，使电冰箱内温度恢复到环境温度，测每个温度传感器（感温头）也正常，故判断故障在主控板（图 5-53）。

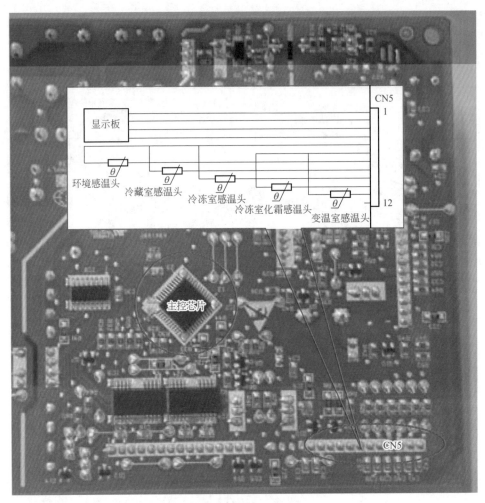

环境感温头　冷藏室感温头　冷冻室感温头　冷冻室化霜感温头　变温室感温头　主控芯片　CN5

图 6-53　主控板相关部分

故障处理：本例查为主控芯片不良所致，更换主控芯片或整块主控板后故障排除。

💡 提示

电冰箱不停机在使用中较常见，不是使用问题，就是故障或温度问题，需要仔细排查，然后一一排除故障。

七、海信 BCD-375WTD 多门电冰箱不显示

维修过程：出现此故障时，首先检测主板和显示板的供电端子是否有 +5V 直流电压，若无 +5V 电压，则检查 +5V 供电电路相关元件是否有问题；若有 +5V 电压，

则检查显示板相关接插件有无接触不良、断线或脱焊；若以上检查均正常，则说明问题出在显示板（图 5-54）。

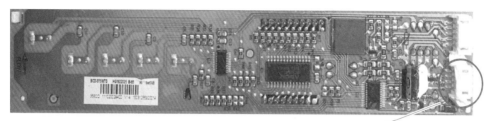

连接显示板与主控板的接插件端子

图 5-54　显示板与主控板部分

　　故障处理：实际维修中因用户在使用电冰箱时，开关门体过于频繁，导致显示屏和主控板的连接排线断裂，重装连接后故障排除。

 提示

　　显示板连接线接触不良、显示板连接线线序错误、显示屏损坏、通信不良等会引起显示板显示不全或乱跳。

八、海信 BCD-375WTD 多门电冰箱压缩机工作，但制冷效果差

　　维修过程：出现此故障时首先检查食品存放是否太多、太密堵住出风口，电冰箱后背是否有散热空间；若食品存放和散热空间符合要求，则检查电冰箱温度设定数值是否太高；若电冰箱设置数值正常，则检查门封是否不严或存在变形损坏；若门封正常，则开机后用压力表检测系统压力是否正常；若低压压力太高，说明 R600a 制冷剂过多，压力小说明 R600a 制冷剂少了；若高压侧压力偏高、低压侧压力偏低，则可能是系统存在堵塞。

　　故障处理：该机检测为 R600a 制冷剂不足，且手摸冷凝器表面只有轻微的温升感（正常时温度应较高），重新充注制冷剂即可。

> **💡 提示**
>
> 　　制冷剂的充注要严格以铭牌的额定充注量（该机 R600a 注入量为 60g）进行操作，过少或过多，都会导致冷凝与蒸发的温度与压力变化，影响制冷效果；R600a 制冷剂的正常低压压力为 -0.04 ～ -0.05MPa；对于 R600a 制冷系统，更换器件时首先要把冷媒彻底放掉，最好使用割刀操作，不要使用明火（当使用明火对管路、器件焊接时要确保系统内没有 R600a 残存冷媒，否则容易点燃系统）。

九、海信 BCD-405WBP 多门电冰箱屏上显示故障代码 H71

　　维修过程：引起显示此代码的故障部位有：除霜传感器（冷冻室）电加热器、排水管电加热器、温度熔丝、电源电路板。逐步对上述相关部位进行检查，发现当拔下除霜加热器接插件，故障代码"H71"消失，故判断问题出在除霜加热器部分（图 5-55），此时应检查除霜加热管接插件与插座之间是否接触良好、除霜加热管或其回路是否断路。

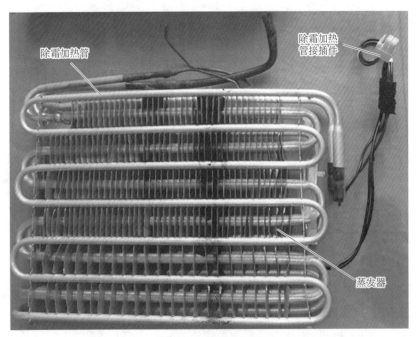

图 5-55　除霜加热管

　　故障处理：本例查为除霜加热管断路（用万用表测得除霜加热器阻值为无穷大，正常阻值为 300Ω），找到冷冻蒸发器，卸下除霜加热管，重新换上新的加热管，重新装配后确认正常，试机，故障排除。

> 💡 提示
>
> 　　H71 故障代码为冷冻室除霜故障；故障代码只能是参考，特别是多门电冰箱，拆卸非常麻烦，在拆换配件前必须做数据检测（拆换的加热管端头有标识 110V ～或 220V ～，注意别买错了），在完全确认为配件坏后才进行更换。

十、海信 BCD-405WBP 多门电冰箱显示代码 H3C

　　维修过程：出现此故障代码时，首先拆下制冰机面板与制冰机接插件（图 5-56），检测制冰盘传感器的电阻值是否正常；若阻值正常，则安装上制冰机接插件，断电，用万用表通断挡检测主控制板插件 P505 与 PC 板的通断，若部分引脚不通，则检查主控板接插件 P505（图 5-57）是否良好。

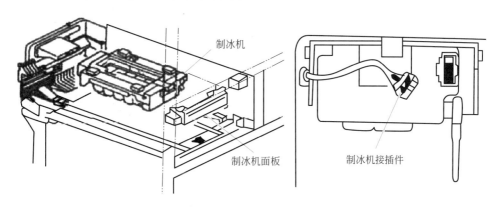

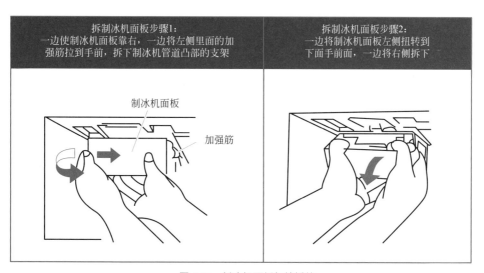

图 5-56　制冰机面板与接插件

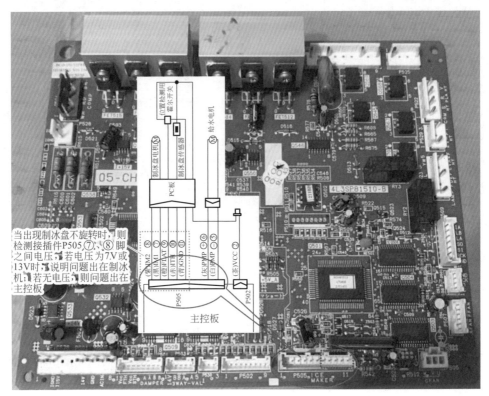

图 5-57 主控板

故障处理：本例查为主控板 P505 接插件接触不良所致，修复或更换 P505 后，试机故障排除。

> 💡 提示
>
> H00 代码为制冰盘传感器断路，制冰盘传感器的电阻值正常是 0℃时为 13～14.5kΩ、25℃时为 4.5～5.5kΩ。

十一、海信 BCD-475T/Q 十字对开门电冰箱插上电源后，蜂鸣器不响，面板指示灯不亮

维修过程：引起此故障的原因有：①电源电压不合适；②电路板上的熔丝熔断；③电源部分有元件损坏。

首先检查电冰箱电源插座是否接触良好，电源线是否存在破损现象；若测插座 L、N 端间电压为 AC 220V，但测控制板的电源输入及输出端电压时，发现控制板无电压输出，故判断故障在控制板上。检查控制板（图 5-58）上保险管 FUSE1 是否

烧断，IC1（TNY278PN）及其外围元件、整流二极管 D3 ～ D6、变压器 T1 等元件
是否有问题。

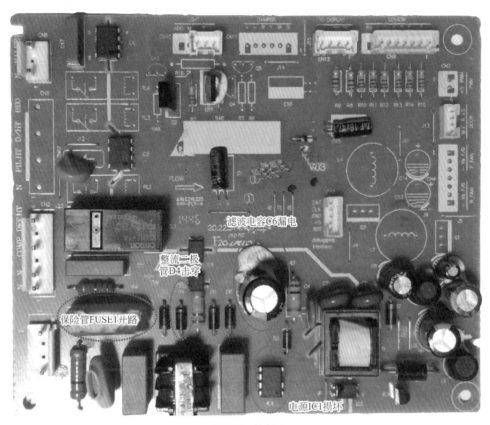

图 5-58 控制板

故障处理：本例查为保险管 FUSE1 开路、滤波电容 C6 漏电、整流二极管 D4
击穿、电源 IC1 损坏，更换所有损坏元件后试机，故障排除。

 提示
　　一般烧熔丝的原因是供电电压过高、变压器次级的整流器或滤波电容严重漏电或短路所致。

十二、海信 BCD-620WTGVBP 十字对开门电冰箱不制冷

维修过程：引起此故障的原因有：①制冷剂过少或泄漏；②毛细管或过滤器堵
塞；③压缩机损坏；④电磁阀故障；⑤主控板有问题。

用钳形表测电流法（在压缩机正常启动运行时，用钳形表测压缩机的工作电流，

如低于额定电流值就说明制冷剂少）和采用手摸法（在压缩机运转一段时间后，如用手摸压缩机的低压管处不凉，高压管处不烫时则说明需加制冷剂了）来进行判断；若制冷剂加注合适，则检查电磁阀接线是否接牢、是否换向，若电磁阀正常，则检查制冷管路部分是否堵塞；若以上检查均正常，则检查主控板。

故障处理：本例查为干燥过滤器与毛细管连接处的焊点（图5-59）存在泄漏，先将制冷剂抽出，然后将焊点修补好后，加充氮气清除管道内污物，再抽真空后按定量加注制冷剂即可。

干燥过滤器与毛细管连接的焊点

图5-59　干燥过滤器与毛细管连接的焊点

> 💡 **提示**
>
> 　　若电冰箱开很久都不够冷，或者压缩机一直工作不停歇，则有可能是电冰箱缺少制冷剂；但是正常的电冰箱是不会缺少制冷剂的，那么就是电冰箱存在制冷剂泄漏了，此时应找到泄漏制冷剂的点。

十三、海信BCD-620WTGVBP多门电冰箱冷冻室不制冷，显示代码F1

维修过程：F1代码为冷冻风机故障，而引起此故障的原因有：风机连接线插头接触不良、风机连接线断、风机连接线线序错误、风机受外力干涉（堵转）、风机损坏、主控板损坏。在冷冻室处于制冷状态下，打开冷冻门并用手按下门开关，无冷风吹出，说明冷冻风机未转动；用手拨动冷冻风机叶片，转动灵活无卡滞现象，再测电脑板接插件CN7（图5-60）上的风机电压正常，故排除主控板有问题的可能，重点检查风机及CN7接插件。

故障处理：本例查为风机接插件CN7接触不良所致，修复或更换CN7后重新插紧后故障排除。

> 💡 **提示**
>
> 　　在压缩机运行且冷冻室制冷状态下，冷冻门打开，将磁芯紧贴冷冻门开关，将会出现风机启动的声音，确认冷冻风道出风口有风吹出，有风吹出代表风机启动正常；松开门开关，风机将停转。

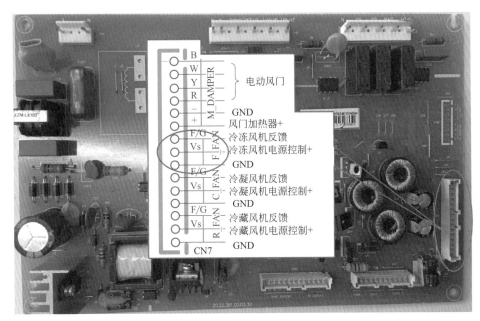

图 5-60　CN7 接插件

第六节　美的电冰箱的故障维修

一、美的 BCD-330WTV 多开门电冰箱冷藏室结冰

维修过程：引起冷藏室结冰的原因主要有以下几方面。

① 电动风门失控。当冷藏室内的传感器感应室内温度达到一个点时，风门就会关闭；若风门被冻住了，风门不能转动关闭，冷藏室就会一直吹风，且温度也会下降到 0℃以下，当冷藏室水汽较大，就会出现结冰。

② 冷藏室内的感温传感器被食物盖住。当感温传感器被食物盖住后就感应不到电冰箱内的正确温度，冷藏室内就一直吹风，冷藏室的温度也会下降到 0℃以下，当冷藏室水汽较大时，就会出现结冰。

③ 回风口被堵住。回风口堵住，会导致风循环不畅通，冷藏室内的水汽带不走，而冷藏室出风口位置的温度较低（-10℃左右），当冷藏室水汽较大时，风口周边就会结冰。

④ 冷藏室内漏风。

该机为风冷电冰箱，冷藏室风是从冷冻室后的翅片蒸发器上吹来的，通过风道传到冷藏室，在冷藏室和冷冻室之间，风道要接起来，若这个接头密封不好，冷风会从风道内泄漏到冷藏室，从而使冷藏室温度在 0℃以下，时间久了就会出现结冰。

　　故障处理：该机查为冷冻风道上的风门和箱胆密封不严，使湿空气进入风门内部，从而导致风门（如图 5-61 所示）结冰冻住，更换风门后故障排除。

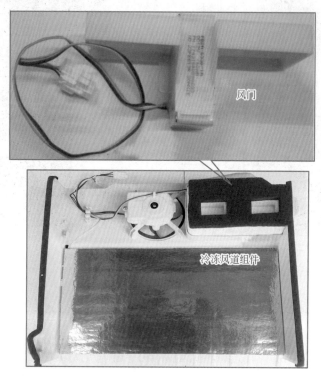

图 5-61　风门

❗ 提示

　　美的 BCD-330WTV、BCD-330WTZV、BCD-330WTL（主板 80230101004 主板）这几个机型，冷藏或变温室温度过低、结冰，一般都是风门关不严的问题，主板和传感器的故障率较小。

二、美的 BCD-570WFPM 多开门电冰箱冷藏室两侧灯不亮，但制冷正常

　　维修过程：出现此故障时，首先检查 LED 灯条的插接件是否接触不良或损坏，若接插件 CN14 正常，则测主控板上 LED 供电是否正常；若 LED 供电偏低，则检查开关电源中 TL431（IC8）、光耦（IC7）及外围元件等是否有问题。冷藏室及主控板实物如图 5-62 所示。

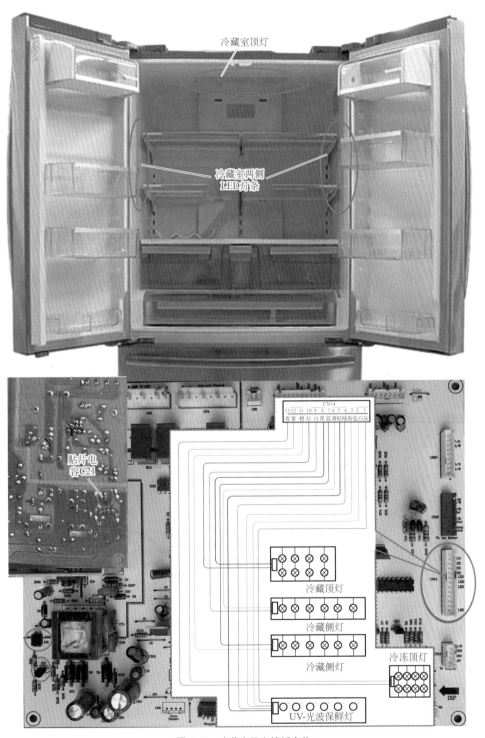

图 5-62　冷藏室及主控板实物

故障处理：本例查为 TL431 外围贴片电容 C21 击穿造成 12V 和 15V 电压偏低，从而造成此故障，更换电容 C21 后故障排除。

> 💡 提示
>
> 该主板使用开关电源，输出为 12V 和 15V 两组。

三、美的 BCD-570WFPM 多开门电冰箱压缩机不启动，但显示屏及灯亮

维修过程：出现此故障时，首先用示波器测主控板上 CN6 接插件上是否有信号输出，若 CN6 上没有信号输出，则说明问题出在主控板上；若 CN6 上有信号输出，则测变频板上是否有电压输出，变频板上无电压输出，则问题出在变频板；若变频板上有电压输出，则检查变频板与压缩机连接端子安装是否正确；若变频板与压缩机连接端子正常，则问题出在压缩机。变频板与压缩机接线如图 5-63 所示。

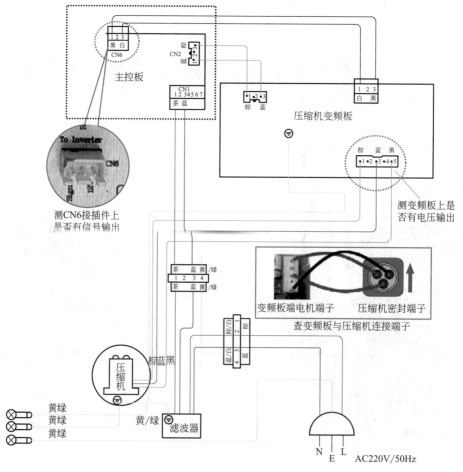

图 5-63　变频板与压缩机接线

故障处理：本例查为变频板与压缩机连接端子线序错误，调整线序即可。

💡 提示

①变频板与压缩机连接端子线序错误易造成压缩机损坏；②该机制冷剂采用 R134a。

第七节　美菱电冰箱的故障维修

一、美菱 BCD-518HE9B 五门多温区无霜变频电冰箱冷冻室不制冷

维修过程：当冷冻室风扇不工作、门封条密封不严、阀3（图5-64）工作不正常或冷冻毛细管堵塞、传感器探头有问题、化霜系统有故障、风道进出口堵塞均会引起冷冻室不制冷。

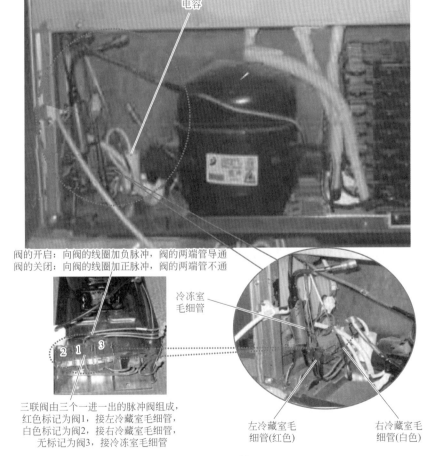

阀的开启：向阀的线圈加负脉冲，阀的两端管导通
阀的关闭：向阀的线圈加正脉冲，阀的两端管不通

三联阀由三个一进一出的脉冲阀组成，
红色标记为阀1，接左冷藏室毛细管，
白色标记为阀2，接右冷藏室毛细管，
无标记为阀3，接冷冻室毛细管

图 5-64　三联阀

　　首先检查门封是否正常，必要时更换门封或调整门、箱体之间位置；若门封正常，则在制冷时打开门，用手在出风口处检测有无冷风吹出，当无冷风吹出时，则检查风道进出口是否堵；若风道未堵，则检查风扇是否运转，当风机不转则检查风扇是否卡住、风机是否损坏、主控板上风机控制部分是否有问题；若风扇工作正常，则用电动阀的专项检查工艺检查脉冲阀或排堵；若阀3与毛细管正常，则检查传感器探头；若以上检查均正常，则用强制化霜程序化霜2～3次，检查化霜系统是否正常，如不正常，则检查控制线路、加热器及化霜传感器、温度保险等。

　　故障处理：实际维修中因传感器探头有问题较为常见，更换探头即可。

> **❗ 提示**
> ①当阀3工作不正常或冷冻毛细管堵塞会引起左右冷冻室同时不制冷或制冷效果差；②当传感器探头有故障时，显示器会同时显示"报警"及"E0"代码；③化霜系统有故障时，打开风道会发现蒸发器结霜厚。

二、美菱 BCD-518HE9B 五门多温无霜变频电冰箱显示屏无显示，能制冷

　　维修过程：出现此故障时，首先检测主控板是否有信号输出到显示控制板，若主控板有信号输出到显示板，则排除主控板有问题的可能，检查显示屏是否有问题；若显示屏正常，则检查显示屏与门体控制线端子（位于显示盒内）接触是否良好；若良好，则检查门体控制线与箱体控制线（位于右上合页盖内）接触是否良好。

　　故障处理：本例查为门体控制线与箱体控制线之间的接插件松动所致，重新插紧后故障排除。

> **❗ 提示**
> 显示板拆卸如图 5-65 所示，拧下两个固定右上合页盖的螺钉后卸下合页盖→拔下门体通信线接头并拆下右上合页→卸下右上门体→撕下端盖贴片→拧下右上门下饰条外盖及门把手下部的固定螺钉→拧下门把手上部的固定螺钉→卸下下饰条外盖→用手将门玻璃向下滑→卸下显示板。

三、美菱 BCD-356WET 多门多温区无霜电冰箱能制冷，但显示屏显示代码 EC

　　维修过程：出现此故障时，首先将显示板以及主控板盖拆下，拔下通信线端子，用万用表测量线束两端端子对应是否连通，若连通正常，则判定为电控板通信电路损坏；否则，判定为通信线束损坏。显示板与主控板如图 5-66 所示。

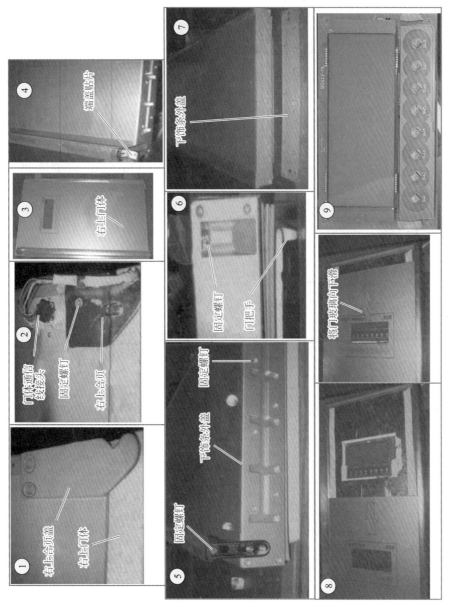

图 5-65　显示板拆卸

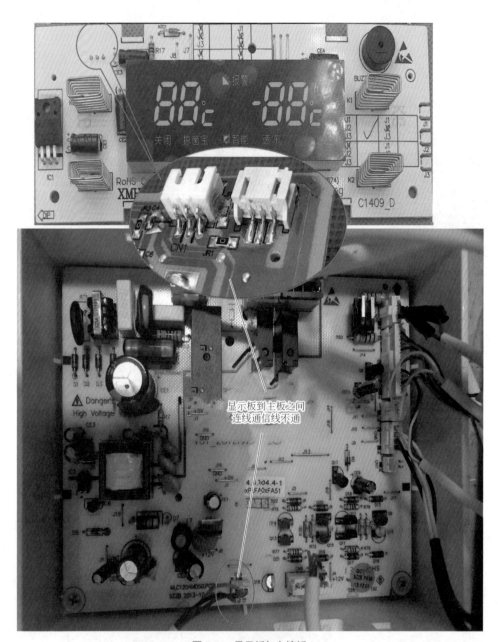

图 5-66 显示板与主控板

故障处理：本例查为显示板到主板之间连线通信线不通，将接触不良的通信线处理后故障排除。

 提示

EC 代码为通信故障。

四、美菱 BCD-356WPT 多门多温区无霜变频电冰箱制冷效果差

维修过程：当控制系统、制冷管路系统、冷冻蒸发器、风扇电动机及门开关等有故障时均会引起制冷效果差。首先检查制冷剂没有出现过多或过少现象，且制冷管路也不存在泄漏；再通电进入维修模式，发现冷冻蒸发器温度偏低，此时打开冷冻室蒸发器舱盖发现蒸发器结霜严重，检查蒸发器化霜组件，发现热保护熔断器（温度熔断器）损坏。

故障处理：更换热保护熔断器，并疏通冷藏室回风道冰堵，试机故障排除。

> 💡 提示
>
> 当电冰箱出现制冷剂不足时，其蒸发器会出现明显的结霜现象；若制冷剂充注过量，则主要表现为电冰箱的吸气管有结霜或结露现象。电气原理如图 5-67 所示。

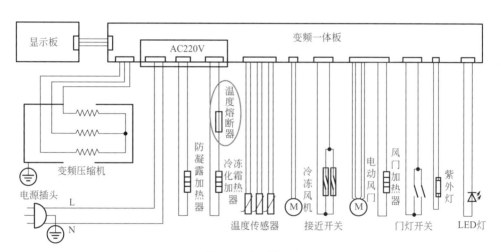

图 5-67　电气原理图

五、美菱 BCD-418WP9B 六门电冰箱风门打不开

维修过程：当风门损坏、电脑板有问题时均会引起风门打不开。通过维修操作界面，打开压缩机，打开风扇及相应间室风门，用手感知是否有风吹入相应间室，若无风则判断风门异常；若风门正常，则检查主控板。

故障处理：本例查为风门损坏而造成结冰，致使风路堵塞从而造成此故障，更换风门组件（图 5-68）后故障排除。

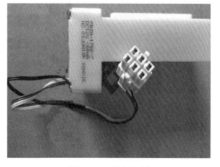

图 5-68　风门组件

提示

当电脑板有供电给风道风机时，电冰箱通电风门会正常开合一次，自检；若通电没动作，则是风门坏了。

六、美菱 BCD-446WUP9BJ 十字对开门电冰箱显示代码 EL

维修过程：首先检查显示板与 WIFI 模块之间连接线是否开路、模块和显示板之间连接线是否良好；若连接线路无异常，则测 5V 供电电压是否正常；若 5V 供电正常，则检查 WIFI 模块（图 5-69）或显示板。

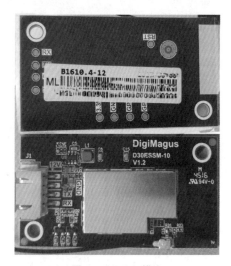

图 5-69　WIFI 模块

故障处理：本例查为 WIFI 模块损坏所致，更换 WIFI 模块后故障排除。

 提示

代码 EL 为 WIFI 模块和显示板通信故障。

七、美菱 BCD-450ZE9 四开门电冰箱冷藏灯不亮

维修过程：首先检查连接电冰箱的电源是否有电压，若有电压则电冰箱运转正常，卸下冷藏室的灯泡，用万用表测量灯泡是否导通；若灯泡没坏，则检测照明灯导线两端电压是否正常；若灯导线两端电压正常，则检测主控板上的接插件端子电压是否正常；若主控板检测也正常，则检查门灯开关。门灯开关及主控板如图 5-70 所示。

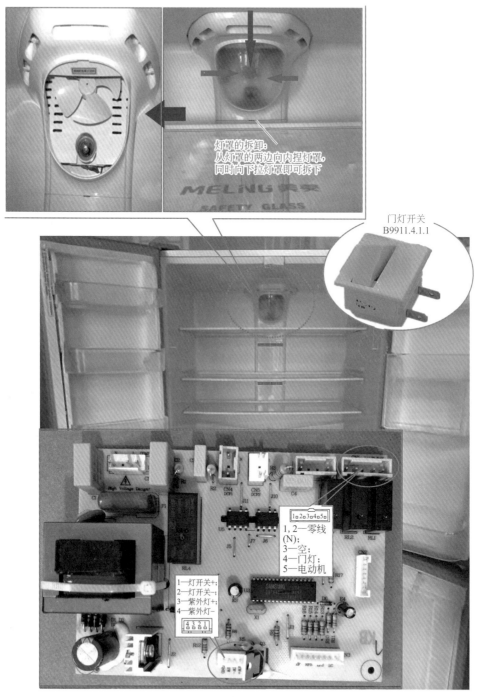

图 5-70　门灯开关及主控板

故障处理：该机拆开门灯开关，用短接的方式灯点亮，说明是门开关问题，更换门灯开关后故障排除。

> 💡 提示
>
> ①若冷藏室的灯一会儿亮一会儿不亮，则一般是灯泡与灯座接触不良所致，将灯泡拧紧即可；②关门时门灯、开关处于断开状态，开门时开关接通，门灯工作。

八、美菱 BCD-518HE9B 五门多温区无霜变频电冰箱变温室风门打不开，不制冷

维修过程：此类故障重点检查风口与控制板。首先用手检测风口是否有冷风吹出（该机变温室与左冷冻室共用一个左冷冻制冷风扇，只有左冷冻室及变温室都制冷情况下才有冷风吹出）；再检测控制板上是否有直流 12V 电压输出，若无 12V 电压输出，则检查控制板。相关实物如图 5-71 所示。

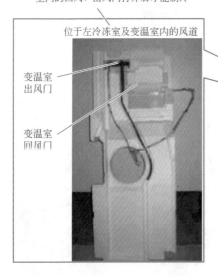

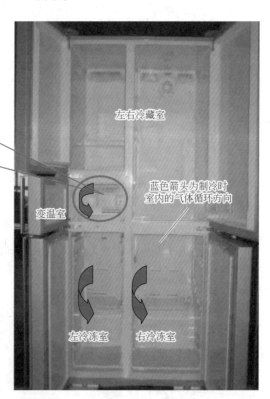

变温室内无蒸发器，但它的风道内有控制冷气流动的回风、出风风门；变温室只有在左冷冻室制冷时，且此室内的回风、出风门打开后才能制冷

位于左冷冻室及变温室内的风道

变温室出风门

变温室回风门

左右冷藏室

变温室

蓝色箭头为制冷时室内的气体循环方向

左冷冻室 右冷冻室

图 5-71 变温室风门

故障处理：本例查为风门变形卡死造成风口无冷风吹出，清除卡堵后故障排除。

💡 提示

①此室有出风、回风风门各一个，如下部的回风门打不开会引起制冷差。②拆下的风门切忌用手开关，以免损坏风门。③风道的拆卸步骤（图5-72）：首先将冷冻室两侧的六个轨道拆下→拧下两个固定左冷冻室风道面板下部的螺钉→拧下固定变温室隔板的螺钉，然后将隔板从上向下用力拍下→卸下变温室风罩→拧下左冷冻室风道上部（变温室内）的两颗固定螺钉→从上部将风道孔盖拔下→拔下风门线插头→从风道的下部将风道抽出即可。

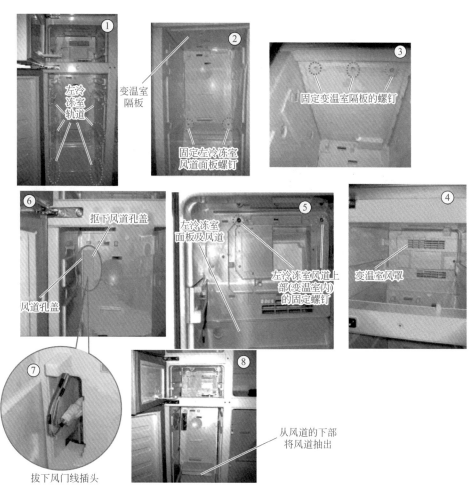

图 5-72　左冷冻室风道的拆卸

九、美菱 BCD-518HE9B 五门多温区无霜变频电冰箱噪声大

维修过程：当电冰箱出现噪声大时，细听声音是由哪个部位发出，主要检查电磁阀、冷冻风机（打开冷冻门能够听到风机的转动声）、冷藏风门（打开冷藏门，手

按门灯开关能够听到风机的转动声)、冷凝器风机(冷凝器处明显听到风机的转动声)、压缩机(压缩机振动幅度较大、手扶门体有振动感)、部件与管道(如主冷凝器容易和左侧配管相碰等)相互碰撞、电压波动(电压过低时,电冰箱的一些工作部件如熔断器、插座、插头等元件接触不良,常常会发出电磁声)等。压缩机舱如图 5-73 所示。

图 5-73 压缩机舱

故障处理:该机查为压缩机固定垫片大而引起外圈与压缩机干涉。拔下化霜水管,卸下主冷凝器螺钉,将冷凝器适当右移,留出操作空间;卸下压缩机固定螺母,将大垫片更换成外径 ϕ17.5mm(内径 ϕ6.5mm、厚度 1.6mm 左右)压缩机固定用平垫片,再将压缩机固定好即可。

 提示

若听发出声音是 W流水声,则属正常,因为制冷系统的制冷剂由气态变成液态,顺着管道流动就发出流水声。

十、美菱 BCD-518WE9B 五门多温区电冰箱冷藏室或冷冻室蒸发器结霜过厚

维修过程:当蒸发器化霜加热器存在开路和化霜传感器有问题时均会引起化霜不尽。首先进入强制化霜程序,观察各间室化霜传感器温度变化状态,若某间室温度上升较缓慢,或者不回升,说明问题出在该间室化霜加热器;再用万用表检测该间室化霜加热器电阻值,可通过测量主控板(图 5-74)上对应间室化霜加热器接插件端子的阻值来判断。

图 5-74　主控板

若冷冻化霜加热器接插件端子阻值为 248Ω，说明冷冻化霜加热器正常；若冷冻室阻值为 1400Ω 左右则为主加热器开路，阻值为无穷大则为主加热器和接水盘加热器同时损坏；若化霜加热器正常，则检查化霜传感器的阻值是否有漂移、传感器的位置是否安装不当。

故障处理：本例查为化霜加热器开路所致，更换故障间室的化霜加热器后故障排除。

💡 提示

①化霜加热器功率分别是冷冻化霜加热器 161W、接水盘加热器 35W；②进入强制化霜程序的方法是，在电冰箱通电的状况下同时按住"选择设定"及"设定确认"键持续 5s，蜂鸣器鸣叫两声，即进入强制化霜程序；③当出现此故障时，应首先确定哪个室蒸发器有问题和加热器是否开路后，再拆开故障室风道来进行检查。

十一、美菱 BCD-651WPB 对开门电冰箱不制冷

维修过程：出现此故障时，首先观察显示板有无故障代码，若有故障代码，则按代码维修故障；若无故障代码，则打开电冰箱顶盖，按一次主控板"测试"按键，

显示面板 LED 全部显示，随后观察显示板有无故障报警，压缩机、冷冻风扇、冷凝风扇是否工作，风门是否打开；若以上部件有不能正常工作的，则检查主控板上相关部件接插件（图 5-75）是否有输出，若有输出则检测故障部件，若无输出，则检测主控板；若以上检查均正常，则断电检测制冷管路。

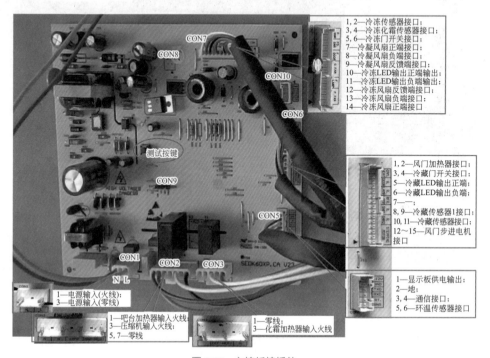

图 5-75　主控板接插件

　　故障处理：本例查为制冷管道内油堵，反复用氮气冲洗管道，排出管道里残留的冷冻油后故障排除。

　　❗ 提示

　　风门和冷冻风机可以在冷藏和冷冻出风口感应有无风吹出，冷凝风扇可以拆开后盖观察其运转情况；触摸压缩机外壳，有抖动则压缩机工作，无抖动压缩机不工作。

第八节　三星电冰箱的故障维修

一、三星 BCD-252NJVR 型电冰箱风扇不转

　　维修过程：检修时具体检测风扇的接插状态是否正常、风扇本身是否损坏、风

扇连接器之间的电线连接状态是否正常、驱动芯片是否正常。

　　故障处理：此例属于风扇损坏，更换风扇后故障排除。

💡 提示

　　相关电路如图 5-76 所示。

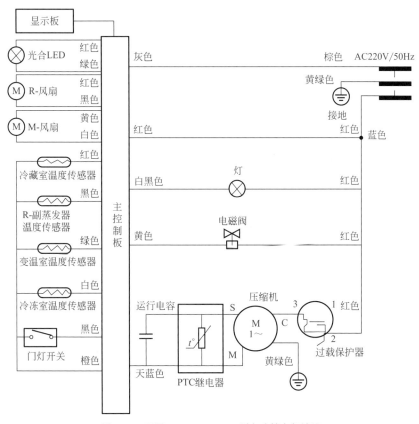

图 5-76　三星 BCD-252NJVR 型电冰箱电气接线

二、三星 BCD-265WMSSWW1 型电冰箱压缩机运转，但不能制冷

　　维修过程：检修时具体检测压缩机是否损坏，压缩机与排气管、吸气管的接头是否有漏隙，防凝露管是否泄漏，冷凝器或蒸发器是否泄漏，风扇电机及其供电线路是否正常。

　　故障处理：此例属于冷冻室风扇损坏，更换冷冻室风扇后故障排除。

💡 提示

　　相关电路如图 5-77 所示。

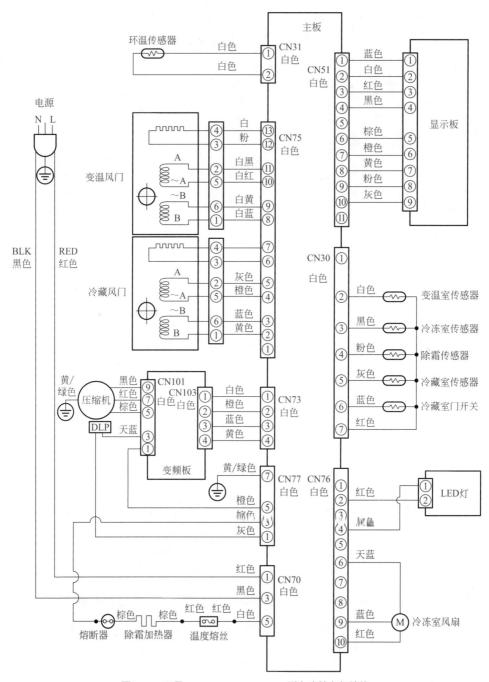

图 5-77　三星 BCD-265WMSSWW1 型电冰箱电气接线

三、三星 RS19NCMS 型电冰箱冷冻室风扇不运转

维修过程：检修时重点检测主电路板部分 GND 和 CN73 ①脚电压、主印制电

路板 CN30 ①-②脚和⑤-⑥脚电压。检修时具体检测冷冻室风扇是否损坏、门开关连接部分是否正常、主电路板是否损坏、风扇电动机接触线连接部分是否正常。

故障处理：此例属于冷冻室风扇损坏，更换冷冻室风扇后即可。

💡 提示

相关电路如图 5-78 所示。

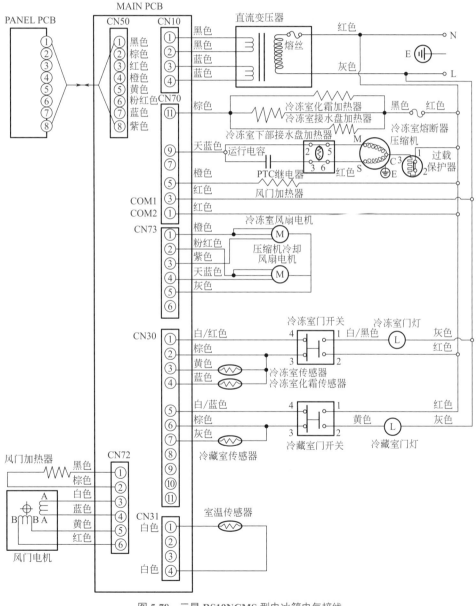

图 5-78 三星 RS19NCMS 型电冰箱电气接线

第九节　松下电冰箱的故障维修

一、松下 NR-C31WX3-Z 型电冰箱节能导航功能长期运行

检修过程：检修时重点检测照度感应器，具体检测照度感应器是否被遮盖、控制面板的照度感应器是否脏污或磨损。

故障处理：此例属于照度感应器脏污，清理后故障排除。

 提示

相关电路如图 5-79 所示。

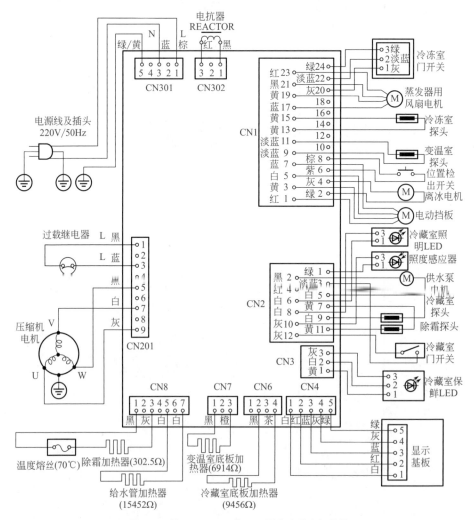

图 5-79　松下 NR-C31WX3-Z 型电冰箱电气接线

二、松下 NR-D513XC-S5 型电冰箱通电后不制冷

　　检修过程：检修时具体检测电源插头是否插紧、电源电压是否正常、是否停电、主控板是否损坏。

　　故障处理：此例属于电源插头未插紧，插紧电源插头后即可。

> ℹ️ 提示
>
> 　　相关电路如图 5-80 所示。

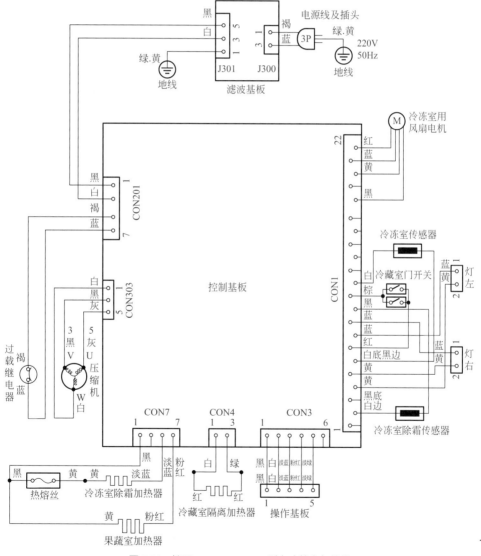

图 5-80　松下 NR-D513XC-S5 型电冰箱电气接线

三、松下 NR-F520TX 型电冰箱自动制冰机不制冰

检修过程：检修时具体检测储水容器是否安装正确、储水容器是否已注水、储水容器内的水是否在水位线以下、是否选定制冰停止功能、门是否开关频繁、是否停电、制冰机是否损坏。

故障处理：此例属于制冰机损坏，更换制冰机后故障排除。

💡 提示

相关电路如图 5-81 所示。

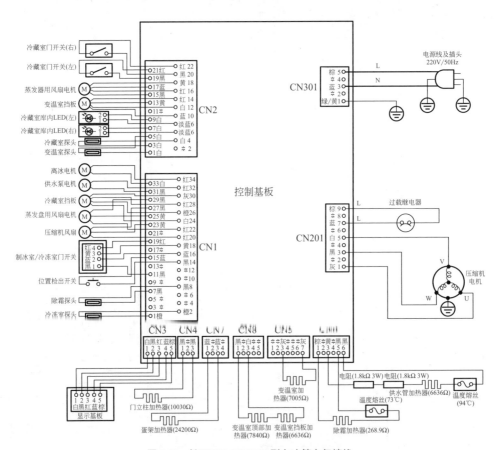

图 5-81　松下 NR-F520TX 型电冰箱电气接线

第六章

电冰箱的维护保养

第一节 日常养护

① 定期清洁电冰箱外壳。方法是定期用微湿柔软的布擦拭电冰箱的外壳、控制面板、拉手及密封条周围。

② 定期清理电冰箱内胆。方法是先切断电源，把电冰箱冷藏室内的食物拿出来，拆下箱内附件（冷藏室内的搁架、果蔬盒、瓶框），用清水或洗洁精清洗内胆，同时用软抹布蘸着混有洗洁精的水，轻轻擦洗电冰箱内壁，然后蘸清水将洗洁精拭去，用干布将内胆擦干净。

> 💡 提示
>
> 有些电冰箱安装时靠近墙体，如图 6-1 所示，箱内附件拿不出来，需要先拆除电冰箱一扇门才能拿出箱内附件。

靠近墙体太近，拿出箱内附件时，必须先拆除该箱门

图 6-1　电冰箱安装时靠近墙体太近

第二节　专项保养

一、调整电冰箱门平齐的方法

对开门电冰箱新机安装不好或使用时间长了，会出现对开门不在一个平面上的情况，此时只要调整门上方或铰链上的门缝定位螺钉即可。

动画扫一扫

调整电冰箱门
平齐的方法

二、电冰箱专项清理方法

电冰箱专项清理主要是指电冰箱的开关、照明灯、温控器、压缩机舱等带电备件设施的清洁。清理之前先要关闭电源，用抹布或海绵弄湿后，拧得干一些，然后擦拭电冰箱的开关、照明灯和温控器表面。如果电冰箱长期停用，要切断电源，取出箱内食品，将箱体内外清理干净，并敞开箱门数日，使箱体内充分干燥并散掉电冰箱内的异味再关闭电冰箱门。

电冰箱密封条是一个容易积尘的地方，可用酒精浸过的布清洁擦拭密封条，从而达到清洁和消毒的目的。注意密封条不要吸附铁屑等金属物质，以免使门封条损坏，出现柜体漏气，造成制冷效果差的故障。

清洁压缩机舱时，要用吸尘器或软毛刷清洁电冰箱压缩机舱的通风栅、压缩机舱内的压缩机表面、压缩机接水盘和舱内管道，不要用湿布擦拭，以免造成电气部件生锈。

定期清洁和检查电冰箱电源线，电冰箱电源线的检查容易被忽视，但电源线容易老化开裂造成漏电事故，所以应定期清洁和检查电源线是否老化开裂。一旦开裂，应及时用电胶布包扎或直接更换电源线，否则容易导致触电事故。

经常检查制冷管道外露部分的焊点是否存在油污和裂纹现象，一旦发现要及时修理。

电冰箱长时间不使用时，不能用塑料罩罩住，可用透气的布罩罩住，同时拔下电源插头，将箱内擦拭干净，待箱内充分干燥后，将箱门关好（箱门缝隙中最好垫上一层薄纸，防止门封条与箱体粘连），机械式温控器调到"0"或"7"（强冷）的状态，如图6-2所示，使温控器内的弹簧呈自然伸缩状态，延长温控器的使用寿命。并每两个月加电工作1h左右，

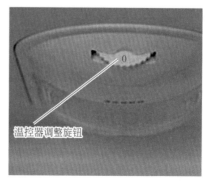

图6-2　机械式温控器旋钮调整到0

防止机件老化和压缩机内的冷冻油干涸。

💡 提示

电冰箱压缩机和冷凝器是电冰箱的重要制冷部件，如果沾上灰尘会影响散热，导致电冰箱制冷效果差。采用内藏式冷凝器的电冰箱（全平背设计）不需要清理冷凝器；但采用外露式冷凝器（挂背式）的电冰箱，因其冷凝器和压缩机都裸露在外面，极易积尘，需要定期清洁。

附　录

附录一　电冰箱电路图

一、LG BCD-272 系列（含 295 系列）变频电冰箱电路图

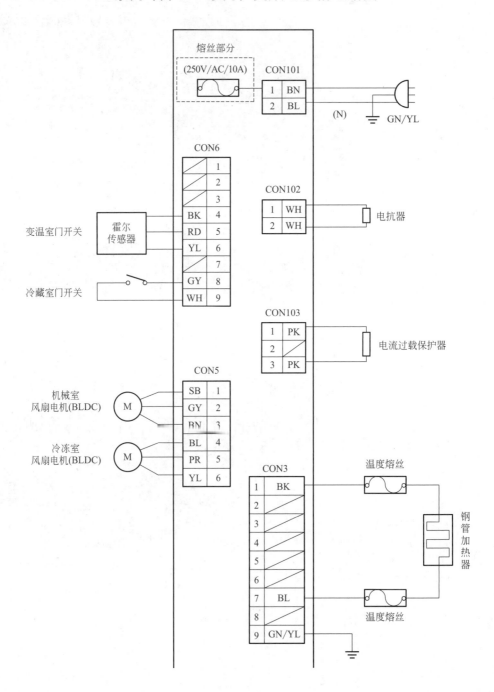

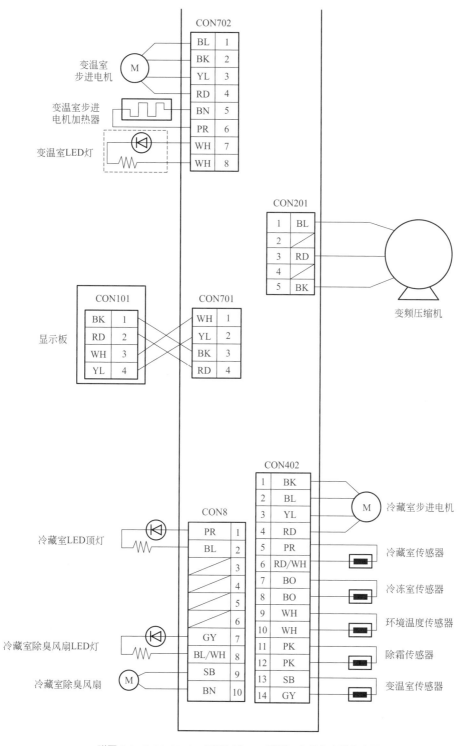

附图 1-1 LG BCD-272 系列（含 295 系列）变频电冰箱电路图

二、LG BCD-378WCT 线性变频电冰箱接线图

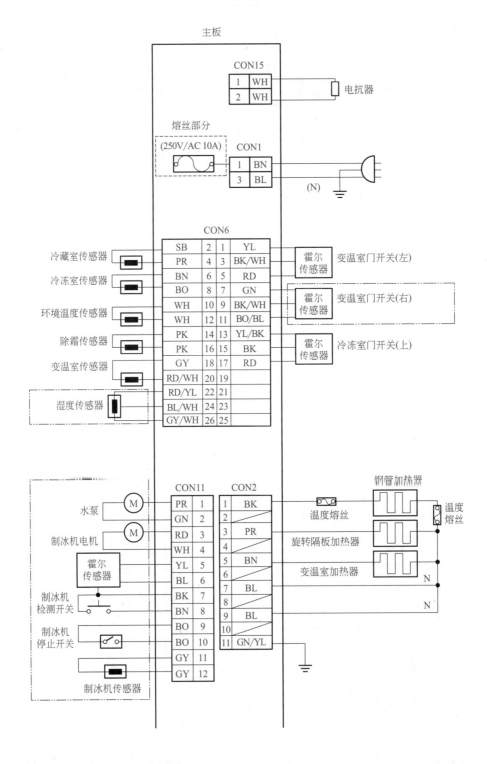

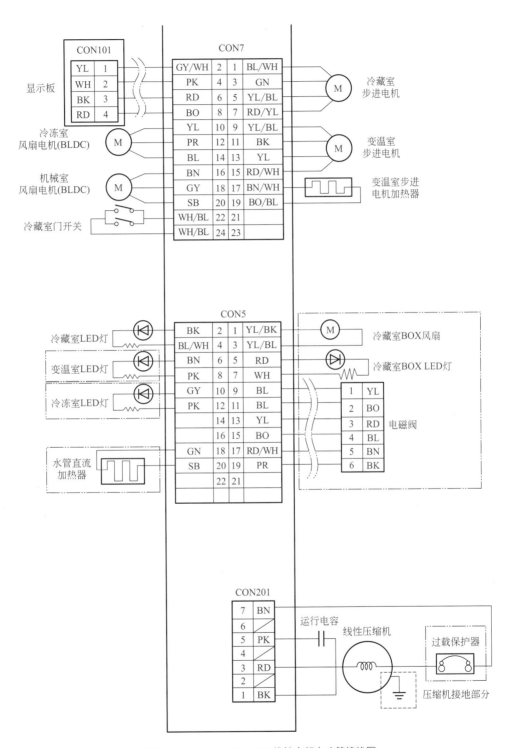

附图 1-2　LG BCD-378WCT 线性变频电冰箱接线图

三、澳柯玛 BCD-367 电冰箱接线图

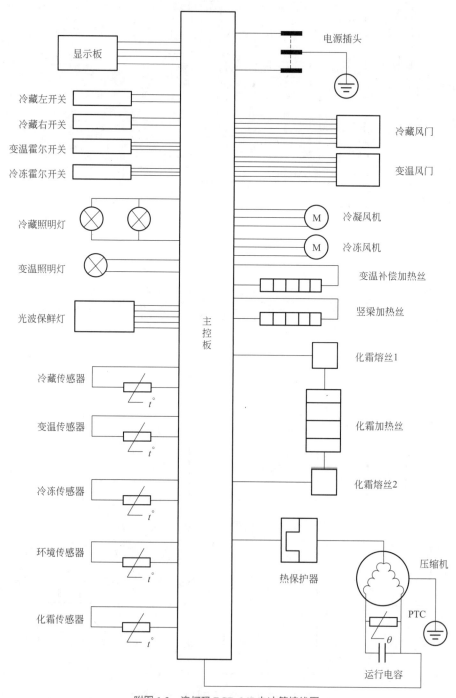

附图 1-3　澳柯玛 BCD-367 电冰箱接线图

四、海尔 BCD-166/196T WL 电冰箱电路图

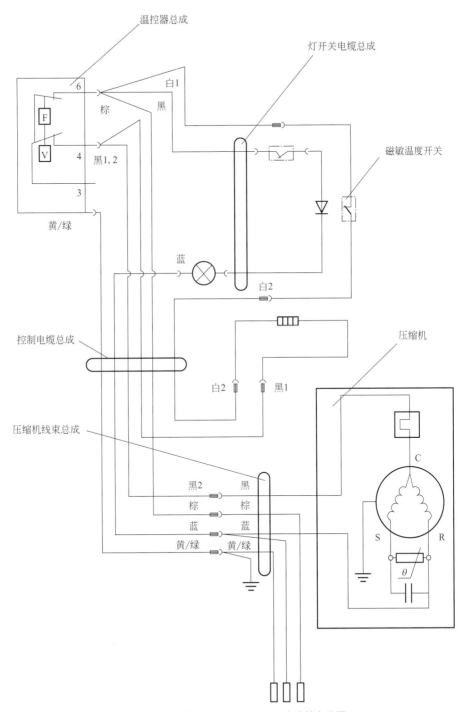

附图 1-4　海尔 BCD-166/196T WL 电冰箱电路图

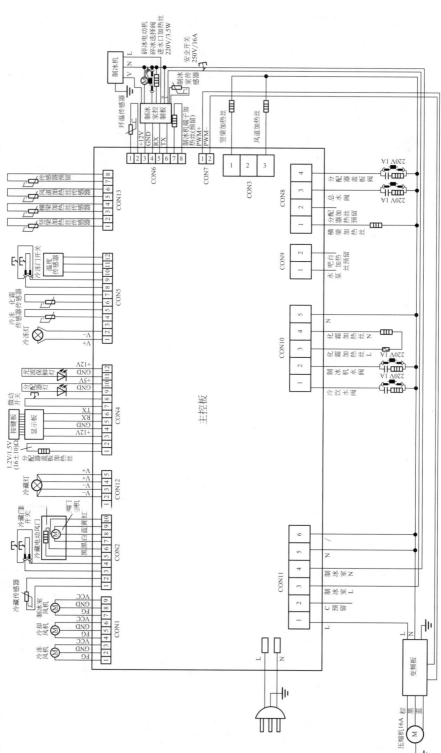

五、海尔 BCD-536WBSS 变频电冰箱接线图

附图 1-5　海尔 BCD-536WBSS 变频电冰箱接线图

六、海信 BCD-618 系列电冰箱接线图

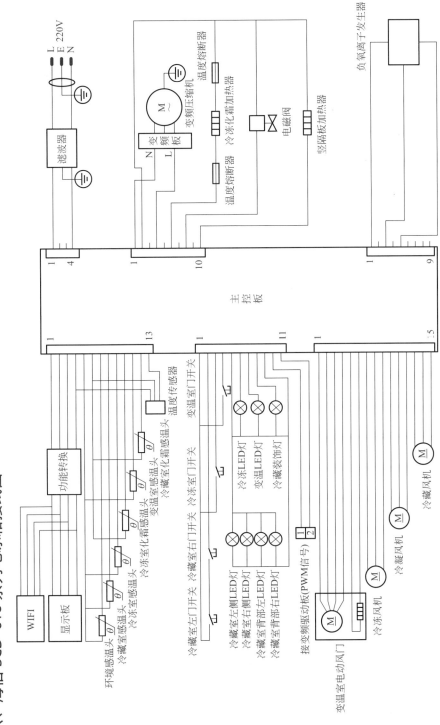

附图 1-6 海信 BCD-618 系列电冰箱接线图

七、惠而浦 BCD–401WMW 电冰箱接线图

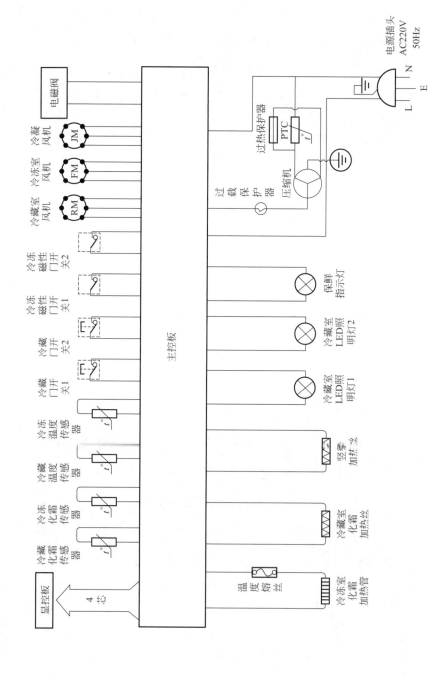

附图 1-7　惠而浦 BCD–401WMW 电冰箱接线图

八、美的 BCD-216TEM 电冰箱电路图

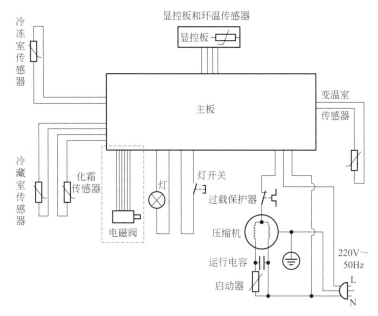

附图 1-8　美的 **BCD-216TEM** 电冰箱电路图

九、美菱 BCD-356WPT/WPC 变频电冰箱电路图

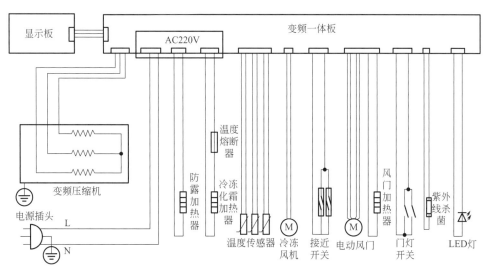

附图 **1-9**　美菱 **BCD-356WPT/WPC** 变频电冰箱电路图

十、三星 BCD-265 电冰箱接线图

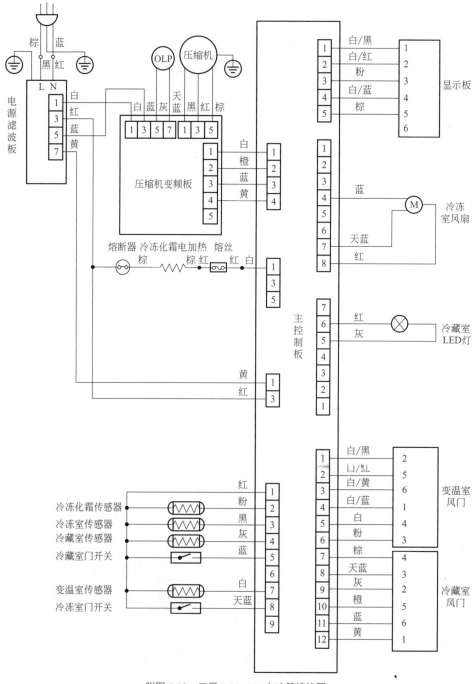

附图 1-10　三星 BCD-265 电冰箱接线图

十一、松下 NR-F610VT-N5 电冰箱接线图

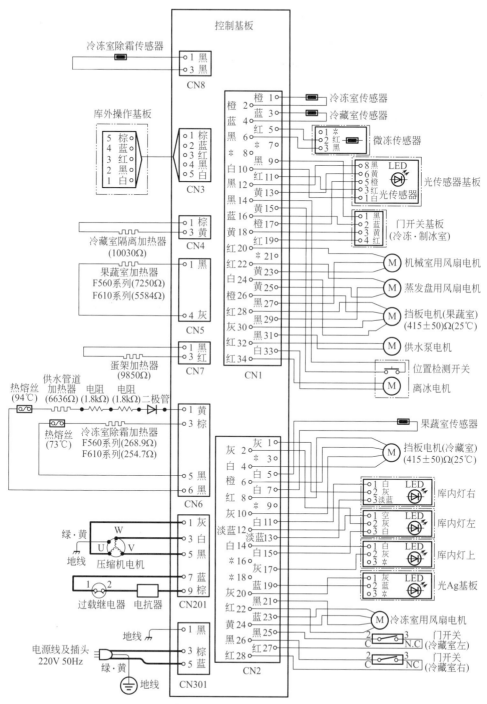

附图 1-11 松下 NR-F610VT-N5 电冰箱接线图

> **注意**
>
> 该接线图同样适用于 NR-F610VT-R5、NR-F560VT-N5、NR-F560VT-W5 电冰箱。

十二、新飞 BCD-261WGS 电冰箱电路图

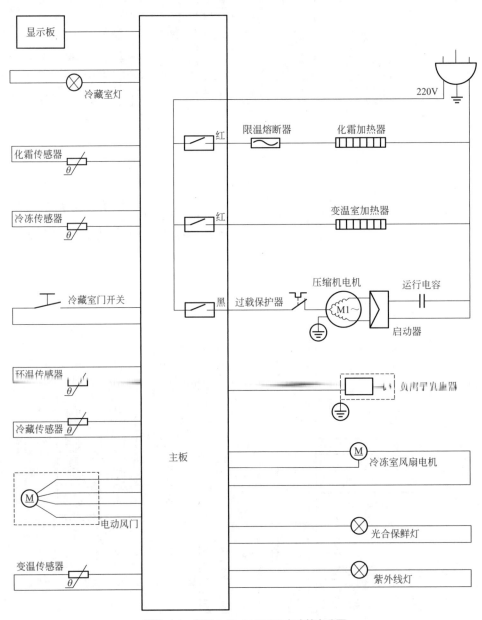

附图 1-12　新飞 BCD-261WGS 电冰箱电路图

十三、伊莱克斯 BCD-220W（BCD-251W）电冰箱电路图

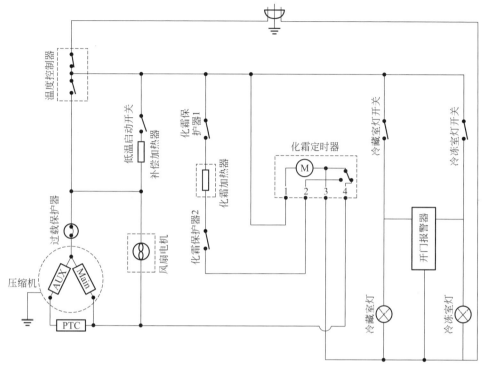

附图 1-13　伊莱克斯 **BCD-220W**（**BCD-251W**）电冰箱电路图

附录二　电冰箱故障代码

一、LG BCD-272WBNE（GR-D27NGEB）、BCD-272WBNZ（GR-D27NGZB）、BCD-272WBAB（GR-D27AGTB）、BCD-295WBNE（GR-D29NGEB）、BCD-295WBNZ（GR-D29NGZB）、BCD-295WBAB（GR-D29AGTB）三门电冰箱故障代码

故障代码	代码含义	检查部位
FSE	冷冻室传感器（F）异常	冷冻室传感器短路或断路
rSE	冷藏室传感器（R）异常	冷藏室传感器短路或断路

续表

故障代码	代码含义	检查部位
CSE	变温室传感器（C）异常	变温室传感器短路或断路
dSE	除霜传感器异常	除霜传感器短路或断路
dHE	除霜异常	除霜传感器短路或断路
FFE	冷冻室 BLDC 电机异常	除霜加热器或温度熔丝断路，加热器没连上，或者驱动不良
CFE	机械室 BLDC 电机异常	BLDC 驱动时没有反馈信号。风扇电机、驱动电路或连接线故障，风扇电机的连接线短路或断路
COE	通信异常	主控板与显示板之间的连接线短路或断路。主控板或显示板的信号传输部分故障
rtE	室温传感器异常	室温传感器短路或断路

二、LG GR-D30PJR 三门电冰箱故障代码

故障代码	代码含义	检查部位
FSE	冷冻室传感器（F）异常	查冷冻室传感器是否短路或断路
rSE	冷藏室传感器（R）异常	查冷藏室传感器是否短路或断路
CSE	变温室传感器（C）异常	查变温室传感器是否短路或断路
dSF	除霜传感器异常	查除霜传感器是否短路或断路
dHF	除霜异常	查除霜加热器或温度熔丝是否断路，连接器是否连上，是否驱动不良
FFE	冷冻室 BLDC 电机异常	查 BLDC 驱动时是否有反馈信号，风扇电机、驱动电路或连接线是否有问题，风扇电机的连接线是否短路或断路
CFE	机械室 BLDC 电机异常	
COE	通信异常	查主控板与显示板之间的连接线是否短路或断路、主控板或显示板的信号传输部分是否有问题
rtE	室温传感器异常	查室温传感器是否短路或断路

三、LG GR-S24NCKE 三门直冷式电冰箱故障代码

故障代码	代码含义	故障检查部位	备注
E1	冷藏室温度检测异常	冷藏室温度传感器 R-SENSOR 短路或断路，温度取样电路中 RR1、R5、CC10 等元件有问题，微处理器 IC1 ⑤脚电压低于 0.5V 或高于 4.5V	该电冰箱制冷剂为 R600a，采用灵控压缩机，温度检测电路由微处理器 IC1（TMP87P809NG）、温度传感器（负温度系数热敏电阻）及其阻抗信号-电压信号变换电路构成
E2	冷藏室蒸发器温度检测异常	冷藏室蒸发器温度传感器 R-EVA-SENSOR 短路或断路，温度检测电路中 RE1、R16、CC11 等元件有问题，微处理器 IC1 ⑥脚电压低于 0.5V 或高于 4.5V	
E3	冷冻室温度检测异常	冷冻室传感器 F-SENSOR 短路、断路或损坏，温度取样电路中 RF1、R14、CC9 等元件有问题，微处理器 IC1 ④脚电压低于 0.5V 或高于 4.5V	
E5	变温室温度检测异常	变温室温度传感器 M-SENSOR 短路、断路或损坏，温度检测电路中 RM1、R17、CC12 等元件有问题，IC1 ⑦脚电压低于 0.5V 或高于 4.5V	
E6	变温室蒸发器温度检测异常	变温室蒸发器温度传感器 M-EVA-SENSOR 短路、断路或损坏，温度检测电路中 ME1、R11、CC13 等元件有问题，IC1 ⑧脚电压低于 0.5V 或高于 4.5V	

四、TCL BCD-490WBEPF2 十字对开门变频电冰箱故障代码

故障代码	代码含义	检查部位
C1 E0	C1 表示冷藏室传感器，E0 表示冷藏传感器异常	查冷藏传感器是否断路或短路，主控板输出端到冷藏传感器之间是否断路或短路
C2 E1	C2 表示冷藏室蒸发温度传感器，E1 表示蒸发温度传感器异常	查温度传感器是否断路或短路、主控板输出端到温度传感器之间是否存在断路或短路
CH E6	CH 表示环境温度传感器，E6 表示环境温度传感器异常	查环境温度传感器是否断路或短路、主控板输出端到环境温度传感器之间是否存在断路或短路
Cn EC	Cn 表示主控板、显示板通信状态，EC 表示通信异常	查通信连接是否断路，显示板与主控板连接线是否有问题
b1 E2	b1 表示变温室（或者果蔬盒）温度传感器，E2 表示变温传感器异常	查变温温度传感器是否断路或短路，主控板输出端到变温温度传感器之间是否存在断路或短路

故障代码	代码含义	检查部位
b2 E3	b2 表示变温室蒸发温度传感器，E3 表示蒸发温度传感器异常	查变温温度传感器是否断路或短路、主控板输出端到变温温度传感器之间是否存在断路或短路
d1 E4	d1 表示冷冻室温度传感器，E4 表示冷冻温度传感器异常	查冷冻温度传感器是否断路或短路、主控板输出端到冷冻温度传感器之间是否存在断路或短路
d2 E5	d2 表示冷冻室蒸发温度传感器，E5 表示蒸发温度传感器异常	查除霜传感器是否断路或短路，主控板输出端到除霜传感器之间是否断路或短路
Fd EF	Fd 表示冷冻风机，EF 表示冷冻风机异常	查电动机连接线是否存在断路或短路，风机是否损坏

五、TCL BCD-515WEF1、 BCD-518WEPF1 风冷对开门电脑温控电冰箱故障代码

故障代码	代码含义	检查部位
C1 E0	C1 表示冷藏传感器，E0 表示冷藏传感器异常	查冷藏传感器是否断路或短路，主控板输出端到冷藏传感器之间是否断路或短路
CH E6	CH 表示环境温度传感器，E6 表示环境温度传感器异常	查环境温度传感器是否断路或短路、主控板输出端到环境温度传感器之间是否存在断路或短路
Cn EC	Cn 表示主控板、显示板通信状态，EC 表示通信异常	查通信连接是否断路，显示板与主控板连接线是否有问题
d1 E4	d1 表示冷冻传感器，E4 表示冷冻传感器异常	查冷冻传感器是否断路或短路、主控板输出端到冷冻传感器之间是否存在断路或短路
d2 E5	d2 表示冷冻室蒸发温度传感器，E5 表示蒸发温度传感器异常	查除霜传感器是否断路或短路，主控板输出端到除霜传感器之间是否断路或短路
Fd EF	Fd 表示冷冻风机，EF 表示冷冻风机异常	查电动机连接线是否存在断路或短路，风机是否损坏

六、海尔 BCD-460WDBE 十字对开门电冰箱故障代码

故障代码	代码含义	检查部位	备注
F2	RT SNR（室温传感器）短路或断路	查室温传感器，安装在右铰链盒下	
F3	R SNR（冷藏传感器）短路或断路	查冷藏传感器，安装在冷藏室风道右侧靠下	
F4	F SNR（冷冻传感器）短路或断路	查冷冻传感器，安装在冷冻室风道盖板左中	
F5-冷藏温区	S SNR（变温传感器）短路或断路	查冷藏传感器的接线	
F6-冷藏温区	R/D SNR（化霜传感器）短路或断路	查冷藏化霜传感器，安装在冷藏蒸发器上	进入方式：锁定状态下，按住 MY ZONE 按键点击速冻按键三次，蜂鸣器响一声，进入查询功能。对应温度显示故障代码（无故障代码时显示 00）
F6-冷冻温区	F/D SNR（化霜传感器）短路或断路	查冷冻化霜传感器，安装在冷冻蒸发器上	
Eh	H SNR（湿度传感器）短路	查湿度传感器，安装在左铰链盒下	查看方式：故障代码按照显示优先级显示，每按一下锁定按键，显示下一级故障代码
E0	通信不良		
E1	F FAN（冷冻风机）不良	电缆/驱动 IC/TR 不良	退出方式：进入此模式后，锁定状态下，按住 MY ZONE 按键点击速冻按键三次，或无操作 1min 自动退出
E2	C FAN（冷却风机）不良	电缆/驱动 IC/TR 不良	
E6	R FAN（冷藏风机）不良	电缆/驱动 IC/TR 不良	
EC-冷藏温区	冷藏化霜故障	化霜加热丝工作 60min，化霜传感器未达到 7℃	
Ed-冷冻温区	冷冻化霜故障	化霜加热丝工作 60min，化霜传感器未达到 7℃	

七、海信BCD-568WYME、567WYM、568W、568WYMD、568GW、568GWA、BCD-550WTD、BCD-568WB 对开门电冰箱故障代码

故障代码	代码含义
E1（冷藏室）	冷藏室上传感器故障
E2（冷藏室）	冷藏室下传感器故障

续表

故障代码	代码含义
E3（冷冻室）	冷冻室传感器故障
E4（冷冻室）	化霜传感器故障
EF（冷冻室）	蒸发电机故障
CF（冷藏室）	冷凝电动机故障
DR（冷藏室）	冷藏门开关故障
EE 或 HHHH（显示屏）	显示板线缆故障

八、海信 BCD-262VBP/AX1 直冷三开门电冰箱故障代码

故障代码	代码含义
F1	冷藏室温度传感器发生故障
F2	变温室温度传感器发生故障
F3	冷冻室温度传感器发生故障
F4	环境传感器发生故障
F6	接收通信故障
F7	发送通信故障
F8	主控板异常（通信协议中有控制板系列区分，如 595 系列、550 系列，若用 550 系列的主控板接 595 系列的显示板，则会出现该故障代码、报警，显示板蜂鸣器进行蜂鸣，每一分钟连续鸣叫 3 次，频率为 1Hz）

适用的机型有：海信 BCD-208SY/X1、BCD-210TA/X1、BCD-210T/X1、BCD-212TDA/AX1、BCD-213TDA/AX1、BCD-232TDA/X1、BCD-232WPM/X1、BCD-262WTDA、BCD-262GVBP、262WTDA/X1、BCD-262VBP/AX1、BCD-262WTD、BCD-262VBP/X1、BCD-262TDeK/X1、BCD-262WTDAG/X1、BCD-262WYM/X1、BCD-272VBP、BCD-272WYMB/X1 等三门电冰箱

九、海信 BCD-440WDGVBP 对开门电冰箱故障代码

故障代码	代码含义
E0（冷藏显示）	环境温度传感器故障
E1（冷藏显示）	冷藏室温度传感器故障
E2（冷藏显示）	R 蒸发器温度传感器故障
E3（冷冻显示）	冷冻室温度传感器故障

续表

故障代码	代码含义
E4（冷冻显示）	F 蒸发器温度传感器故障
Ec（冷藏显示）	显示板通信发送故障
Er（冷冻显示）	显示板通信接收故障
F1（冷冻显示）	F 风机故障
F2（冷藏显示）	R 风机故障

　　在常规模式下如有此故障，未屏保状态下每次进入锁屏，锁屏图标亮（包括手动锁屏和自动锁屏）时或者屏保状态下按键或门开闭解除屏保时冷藏或冷冻显示相应故障代码 60s 后回到正常显示，当有同一列多个故障同时存在，按顺序显示最小序号的故障代码。手动解锁后立即取消故障显示，下次再次进入锁屏时再次显示 60s。开门报警进行时进入锁屏，则优先显示故障代码，故障代码显示 60s 以后继续显示开门字母"dr"。显示开门字母"dr"时按键操作，则显示按键操作内容，无按键时间达到10s 设置生效时重新显示开门字母"dr"

十、海信多门电冰箱故障代码

代码	代码含义	故障部位
E0	环境感温头故障	
E1	冷藏室故障	传感器线短路或开路、传感器探头损坏、传感器线束插头接触不良、主控板损坏
E2	冷藏室化霜传感器故障	传感器线短路或开路、传感器探头损坏、传感器线束插头接触不良、主控板损坏
E3	冷冻室感温头故障	传感器线短路或开路、传感器探头损坏、传感器线束插头接触不良、主控板损坏
E4	F 蒸发器感温头（冷冻室化霜传感器）故障	传感器线短路或开路、传感器探头损坏、传感器线束插头接触不良、主控板损坏
E5	变温室感温头故障	传感器线短路或开路、传感器探头损坏、传感器线束插头接触不良、主控板损坏
E8	湿度传感器故障	传感器线短路或开路、传感器探头损坏、传感器线束插头接触不良、主控板损坏
Ec	显示板通信发送故障	显示板连接线插头接触不良、显示板连接线线序错误、显示板连接线断、显示板损坏、主控板损坏
Er	显示板通信接收故障	显示板连接线插头接触不良、显示板连接线线序错误、显示板连接线断、显示板损坏、主控板损坏
En	WIFI 模块故障	

续表

代码	代码含义	故障部位
F1	F（冷冻）风机故障	风机连接线插头接触不良、风机连接线断、风机连接线线序错误、风机受外力干涉（堵转）、风机损坏、主控板损坏
F2	R（冷藏）风机故障	风机连接线插头接触不良、风机连接线断、风机连接线线序错误、风机受外力干涉（堵转）、风机损坏、主控板损坏
dF	化霜故障（在进行版本查询时，显示此代码）	化霜加热器连接线插头接触不良、化霜加热器连接线断、温度熔断器断、加热器损坏、主控板损坏

适用于海信 BCD-376WKF1MY、369WD11MY、375WTD、370WTD/Q、BCD-618WKK1HPC、BCD-620WTGVBP 等机型多门电冰箱

十一、海信容声 BCD-310WBP、315WBP、350WBP、355WBP、405WBP 多门电冰箱故障代码

故障代码	代码含义	检查部位	备注
H14	过电流保护动作（软件）	控制电路板、压缩机	
H16	电流检测回路异常	控制电路板	
H17	过电流保护动作（硬件）	控制电路板、压缩机	异常电流的检测（电源 TR 短路、压缩机线圈异常）
H21	DC 电压异常	控制电路板、电源电路板	
H22	由于急减速导致的失步（位置推定故障）	控制电路板、压缩机以及电线束	运转异常检测（急减速）
H23	由于急加速导致的失步	控制电路板、压缩机以及电线束	运转异常检测（急加速）
H24	通信异常	控制电路板	连续通信 1min 以上失败了
H30	冷冻室传感器断路	冷冻室传感器	
H31	除霜传感器（冷冻）断路	除霜传感器（F）	
H32	冷藏室传感器断路	冷藏室传感器	
H33	切换室传感器断路	切换室传感器	
H34	制冰盘传感器断路	制冰盘传感器	
H35	RT 传感器断路	RT 传感器	
H36	除霜传感器（冷藏）断路	除霜传感器（R）	

续表

故障代码	代码含义	检查部位	备注
H37	蔬菜保鲜室传感器断路	果蔬保鲜室传感器	
H38	冷冻室传感器短路	冷冻室传感器	
H39	除霜传感器（冷冻）短路	除霜传感器	
H1C	压缩机锁定，压缩机故障	压缩机及电线束	
H3C	制冰盘传感器短路	制冰盘传感器	
H3d	RT 传感器短路	RT 传感器	
H3E	除霜传感器（冷藏）短路	除霜传感器（R）	
H3F	蔬菜保鲜室传感器短路	果蔬保鲜室传感器	
H3H	切换室传感器短路	切换室传感器	
H3L	冷藏室传感器短路	冷藏室传感器	
H47	开停机异常	主控板	主控板芯片参数漂移
H48	自检模式故障	P509 接插件	
H60	机械室电风扇电动机锁定	机械室电风扇电动机	
H61	冷藏室电风扇电动机锁定	冷藏室电风扇电动机	
H62	冷冻室电风扇电动机锁定	冷冻室电风扇电动机	
H63	机械室电风扇电动机反转	机械室电风扇电动机	
H64	冷藏室电风扇电动机反转	冷藏室电风扇电动机	
H65	冷冻室电风扇电动机反转	冷冻室电风扇电动机	
H71	冷冻室除霜故障	除霜传感器（F）管电加热器，排水管电加热器，温度熔丝，电源电路板	除霜时间为 3h 以上时，进行显示
H80	制冰盘电动机动作不良	制冰机	
H82	操作面板通信异常	控制电路板、操作电路板	连续通信 1min 以上失败了
HLH	高压侧制冷剂泄漏	高压侧配管焊接部	从冷冻循环低压侧配管焊接部泄漏制冷剂
HLL	低压侧制冷剂泄漏	低压侧配管焊接部	从冷冻循环高压侧配管焊接部泄漏制冷剂

　　显示板上的菜单项目闪烁时，则表示出现了自检故障，如果长按下某一个按钮，则停止闪烁，10s以后，在液晶显示屏上进行 60s 的异常代码显示，显示发生故障时的检查部位

十二、康佳 BCD-390EMP 多开门电冰箱故障代码

故障代码			代码含义
冷藏	微冻	冷冻	
EA			冷藏传感器故障
		EF	冷冻传感器故障
	ES		微冻传感器故障
EE			环温传感器故障
ED			冷藏化霜传感器故障
EA	ES		冷藏传感器和微冻传感器故障
EA		EF	冷藏传感器和冷冻传感器故障
	ES	EF	微冻传感器和冷冻传感器故障
ER	ES	EF	冷藏传感器、微冻传感器、冷冻传感器故障
HH	HH	HH	阀故障或主板控制信号出错，或者制冷系统故障

十三、康佳 BCD-558WD5EGY 对开门电冰箱故障代码

故障代码	代码含义
ER（冷藏室）	冷藏传感器故障
EF（冷冻室）	冷冻传感器故障
EE（冷藏室）	环温传感器故障
ED（冷藏室）	冷藏化霜传感器故障
ED（冷冻室）	冷冻化霜传感器故障
EF（冷藏室）	冷藏传感器故障
ER（冷藏室）	冷冻传感器故障
E-（冷冻室）	冷冻化霜加热器故障
CE（冷冻室）	主电路板和控制面板通信故障
1E（冷藏室）	R 风扇故障
2E（冷冻室）	F 风扇故障

十四、美的 BCD-620WKGDZV、BCD-370WTPVA、BCD-642WKDV、BCD-620WKGDV 变频电冰箱故障代码

故障代码	代码含义	检查部位
E1	冷藏室温度传感器故障	冷藏室温度检测回路
E2	冷冻室温度传感器故障	冷冻室温度检测回路
E3	变温室温度传感器故障	变温室检测回路
E4	冷藏化霜温度传感器故障	冷藏化霜温度检测回路
E5	冷冻化霜温度传感器故障	冷冻化霜温度检测回路
E6	通信故障	通信回路
E7	环境温度传感器故障	环境温度检测回路
E9	冷冻室高温报警（BCD-370WTPVA）	
ED	门开关故障（BCD-620WKDV）	门开关检测回路

十五、美菱 BCD-416WPCK 多门、BCD-248WIP3BK、278WIP3BK、301WIPB 变频电冰箱故障代码

故障代码	代码含义
E0（冷藏室）	冷藏室传感器故障
E0（变温室）	变温室传感器故障
E0（冷冻室）	冷冻室传感器故障
E1（冷冻室）	冷冻室蒸发器传感器故障
EH	环温传感器故障
EC	通信故障
EF	风机报警

适用于美菱 BCD-416WPCK 四门和 BCD-248WIP3BK、BCD-278WIP3BK、BCD-301WIPB 三门等机型变频电冰箱

十六、美菱 BCD-450ZE9 十字对开门电冰箱故障代码

故障代码	代码含义	工作状态
E0（冷藏室）	冷藏室传感器故障	正常制冷

续表

故障代码	代码含义	工作状态
E0（左冷冻室）	左冷冻室传感器故障	左冷冻室不制冷，其他正常
E0（右冷冻室）	右冷冻室传感器故障	右冷冻室制冷但效果差，其余室正常
E1（冷藏室）	冷藏化霜传感器故障	冷藏不化霜，其余正常

故障时，通用信息（报警）和对应分项信息同时闪烁；背光源保持半亮状态；故障过程中所有按键操作无效

十七、美菱 BCD-518HE9B 五门电冰箱故障代码

故障代码	代码含义	工作状态
E0（左冷藏室）	冷藏左室传感器故障	左冷藏蒸发器传感器控制左冷藏，其余正常
E0（右冷藏室）	冷藏右室传感器故障	右冷藏蒸发器传感器控制右冷藏，其余正常
E0（左冷冻室）	冷冻左室传感器故障	左冷冻室不控制压缩机，其余正常
E0（右冷冻室）	冷冻右室传感器故障	右冷冻室不控制压缩机，其余正常
E0（变温室）	变温室传感器故障	由左冷冻室传感器控制，其余正常
E1（左冷藏室）	冷藏左室蒸发器传感器故障	不运行左冷藏室化霜程序，其余正常
E1（右冷藏室）	冷藏右室蒸发器传感器故障	不运行右冷藏室化霜程序，其余正常
E1（左冷冻室）	冷冻左室蒸发器传感器故障	不运行左冷冻室化霜程序，其余正常
E1（右冷冻室）	冷冻右室蒸发器传感器故障	不运行右冷冻室化霜程序，其余正常

故障时，通用信息（报警）和对应分项信息同时闪烁；背光源保持半亮状态；故障过程中所有按键操作无效

十八、容声 BCD-369WD11MY 多门（五门）电冰箱故障代码

故障代码	代码含义
E0（冷藏显示）	环境温度传感器故障
E1（冷藏显示）	冷藏室温度传感器故障
E3（冷冻显示）	冷冻室温度传感器故障
E4（冷冻显示）	F 蒸发器温度传感器故障

续表

故障代码	代码含义
E5（变温显示）	变温室温度传感器故障
Ec（冷藏显示）	显示板通信发送故障
Er（冷冻显示）	显示板通信接收故障
F1（冷冻显示）	F 风机故障

在常规模式下如有以下故障，未屏保状态下每次进入锁屏，锁屏图标亮（包括手动锁屏和自动锁屏）时或者屏保状态下按键或门开闭解除屏保时冷藏或冷冻显示相应故障代码 60s 后回到正常显示，当有同一列多个故障同时存在，按顺序显示最小序号的故障代码。手动解锁后立即取消故障显示，下次再次进入锁屏时再次显示 60s。开门报警进行时进入锁屏，则优先显示故障代码，故障代码显示 60s 以后继续显示开门字母 "dr"。显示开门字母 "dr" 时按键操作，则显示按键操作内容，无按键时间达到 10s 设置生效时重新显示开门字母 "dr"

十九、三星 BCD-265WMRISS1、BCD-265WMRIWZ1、三门变频电冰箱故障代码

冷冻室显示代码	冷藏室显示代码	代码含义	故障内容
1	E	冷冻传感器故障	传感器短路或断路
2	E	冷藏传感器故障	传感器短路或断路
4	E	冷冻除霜传感器故障	传感器短路或断路
5	E	冷藏除霜传感器故障	传感器短路或断路
6	E	环温传感器故障	传感器短路或断路
7	E	变温室传感器故障	传感器短路或断路
21	E	冷冻室风扇故障	风门电加热断路
22	E	冷藏室风扇故障	风扇堵转
24	E	冷冻室除霜故障	除霜电加热运行时间过长
25	E	冷藏室除霜故障	除霜电加热运行时间过长
27	E	变温室风门加热器故障	风门电加热断路
63	E	冷藏室风门加热器故障	传感器短路或断路
OP	E	通信不匹配	风门电加热断路
PC	E	通信不良	通信错误

适用三星电冰箱的机型有：BCD-265WMRISS1、BCD-265WMRIWZ1、BCD-301WMQIS1M、BCD-301WMQIS11、BCD-285WMQIS1M、BCD-285WMQISL1、BCD-301WMQI7TM、BCD-301WMQI7T1、BCD-285WMQI7TM、BCD-301WMRIWZ1、BCD-301WMRI7W1 等三门电冰箱

二十、三星 BCD-402DRISL1、BCD-402DRIWZ1、BCD-402DRI7W1、BCD-402DRI7H1 五门电冰箱故障代码

冷冻室显示代码	冷藏室显示代码	代码含义	故障原因
1	E	冷冻室传感器（F）异常	冷冻室传感器短路或者断路
2		冷藏室传感器（R）异常	冷藏室传感器短路或者断路
4		F除霜传感器（C）异常	F除霜传感器短路或者断路
6		环境温度传感器	环境温度传感器短路或者断路
7		变温室传感器	变温室传感器短路或者断路
21		冷冻室风扇	冷冻室风扇堵转
23		压缩机风扇	压缩机风扇堵转
24		除霜异常	除霜时间超过限制时间
27		变温室风门电加热异常	变温室风门电加热漏装
52		湿度传感器异常	湿度传感器短路或者断路
63		冷藏室风门电加热异常	冷藏室风门电加热漏装
PC		主板、显示板通信异常	通信错误